建筑信息模型应用

主　编	计凌峰	王　岩	吕　鹏
副主编	张瑞红	于　侃	朱黎婷
	吴爱萍		
参　编	孙华锋	陈久权	王　晶
	王　希	郭劲松	

北京理工大学出版社
BEIJING INSTITUTE OF TECHNOLOGY PRESS

内 容 提 要

本书紧贴高等职业教育智能建造技术、建筑工程技术、建设工程管理专业"建筑信息模型应用"课程教学标准，依托教育部职业教育国家在线精品课程"BIM项目综合应用"（https://mooc.icve.com.cn/cms/courseDetails/index.htm?classId=00a83ca089e742947799c27968f37a72）教学资源，充分讲解课程标准中提到的各专业模型整合，信息化项目管理，检查碰撞和优化施工方案的方法，三维场地布置软件应用，复杂节点可视化设计与碰撞检查，可视化安全风险检查，监控与预判，可视化场地布置，施工工艺模拟与可视化交底，利用BIM技术进行建筑施工进度、质量、成本、安全、资料管理的方法。全书内容主要包括：基础入门、使用文件、浏览模型、控制模型、使用视点和剖分模式及录制播放动画、动画对象、BIM四维模拟施工进度、查找和管理碰撞、建筑信息模型综合应用。

本书可作为高等院校、高等专科学校土木建筑类专业的教材，也可作为成人教育及相关岗位的培训教材。

版权专有　侵权必究

图书在版编目（CIP）数据

建筑信息模型应用／计凌峰，王岩，吕鹏主编. --北京：北京理工大学出版社，2023.8
ISBN 978-7-5763-2800-4

Ⅰ.①建…　Ⅱ.①计…　②王…　③吕…　Ⅲ.①建筑设计—计算机辅助设计—应用软件　Ⅳ.①TU201.4

中国国家版本馆CIP数据核字（2023）第161993号

出版发行／北京理工大学出版社有限责任公司
社　　　址／北京市丰台区四合庄路6号
邮　　　编／100070
电　　　话／（010）68914775（总编室）
　　　　　　（010）82562903（教材售后服务热线）
　　　　　　（010）68944723（其他图书服务热线）
网　　　址／http://www.bitpress.com.cn
经　　　销／全国各地新华书店
印　　　刷／河北鑫彩博图印刷有限公司
开　　　本／787毫米×1092毫米　1/16
印　　　张／11.5
字　　　数／250千字
版　　　次／2023年8月第1版　2023年8月第1次印刷
定　　　价／78.00元

责任编辑／钟　博
文案编辑／钟　博
责任校对／周瑞红
责任印制／王美丽

前言

Preface

习近平总书记在党的二十大报告中指出：要统筹职业教育、高等教育、继续教育协同创新，推进职普融通、产教融合、科教融汇，优化职业教育类型定位，为新时代职教发展提供了根本遵循。建设社会主义现代化强国，必然要实现教育的现代化，没有职业教育的现代化，就没有教育的现代化。职业教育作为重要的教育类型，在实现中国式现代化目标中，注定将发挥至关重要的作用。本书以党的二十大报告精神为指导，结合住房和城乡建设部、教育部、科技部、工业和信息化部等九部门联合印发《关于加快新型建筑工业化发展的若干意见》，以培养高素质综合职业技能人才为根本目的，旨在打造符合职业教育改革理念、内容简明实用、形式新颖独特、理论实践一体化的引领式职业教材，使教材更好地为职业教育做好服务。

本书依托职业教育国家在线精品课程"BIM项目综合应用"进行编写，资源建立在智慧职教mooc学院，书中全程按照人社部"建筑信息模型技术员"国家职业技能一级/高级技师岗位标准，着力培养读者评估信息、利用信息的信息素质和爱岗敬业的职业道德，掌握建筑信息模型项目在规划、勘察、设计、施工、运营维护、改造和拆除各阶段对工程物理特征的数字化承载知识，具备对BIM项目中建筑、结构、暖通、给水排水、电气专业等建筑信息模型进行搭建、复核及维护管理的能力，以及通过室内外渲染、虚拟漫游、建筑动画、虚拟施工周期等进行建筑信息模型可视化设计的能力。本书通过对建筑施工企业岗位需求进行深入调研分析，结合现代数字技术对传统岗位工艺改造，引入国家智能建造技术、建筑工程技术、建设工程管理专业教学标准和人社部"建筑信息模型技术员"职业技能等级标准，按照由简到难、由单一到综合的认知规律进行重构，具体分为"单个技能点—单个岗位能力—岗位综合能力"三段递进式技能主线及"爱岗敬业—建筑工匠—国家情怀"的三段递进式思政主线。

本书由河北建材职业技术学院计凌峰、王岩，上海宝冶集团有限公司北京分公司吕鹏担任主编，河北建材职业技术学院张瑞红、于侃、朱黎婷、吴爱萍担任副主编，河北建材职业技术学院孙华锋、陈久权、王晶、王希，中国建筑第八工程局有限公司郭劲松参与编写。具体编写分工为：计凌峰负责编写学习模块一～五，王岩负责编写学习模块七，吕鹏负责编写学习模块六，张瑞红负责编写学习模块八中的学习单元一，于侃负责编写学习模块八中的学习单元二，朱黎婷负责编写学习模块九中的学习单元一～三，吴爱萍负责编写学习模块九中的学习单元四，孙华锋负责编写学习模块九中的学习单元五，陈久权负责编写学习模块九中的学习单元六，王晶负责编写学习模块八中的学习单元三，王希负责编写学习模块八中的学习单元四，郭劲松负责编写学习模块八中的学习单元五。

在学习本书前，请确保您的计算机已经安装了中文版 Autodesk Navisworks Manage，以方便跟随本书的练习进行操作。

本书也参考了刘庆老师的《Autodesk Navisworks 应用宝典》及王君峰老师的《Autodesk Navisworks 实战应用思维课堂》，在此表示感谢。

本书编者力求使内容丰满充实，层次编排清晰，表述符合学习和工作参考的要求，但受限于时间、经验和能力，仍不免存在疏漏之处，欢迎各位同行专家批评指正、沟通交流。

编　者

目录

Contents

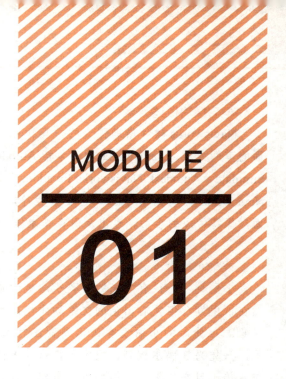

MODULE
01

学 习 模 块 一

基础入门

知识目标：

1. 了解 Navisworks 软件的功能和应用领域。
2. 掌握 Navisworks 软件的安装方法。
3. 掌握 Navisworks 软件的启动、退出及保存等操作。

能力目标：

1. 能够阐述 Navisworks 软件的功能。
2. 能够完成 Navisworks 软件的安装。
3. 能够完成 Navisworks 软件的启动、退出及保存等操作。

素养目标：

1. 能够对工作充满热情、具备专业素养并保持学习态度。
2. 能够分辨并理解个人情绪，调整个人情感和行为，带着适当的情感与他人交流，使用情感认知来处理人与人之间的关系。
3. 能按时完成各项任务，遵守截止日期要求。

学习模块概述

Navisworks 软件借助强大的仿真和可视化功能，整合项目资源，为工程人员提供全面的审阅方案。Navisworks 软件包括 Autodesk Navisworks Manage、Autodesk Navisworks Simulate、Autodesk Navisworks Freedom 三款产品，分别提供勘误、仿真、审阅等功能。Navisworks 软件封装了窗口化安装程序，可实现快速便捷安装，并实现窗口化操作界面，保持常规的启动、退出及保存等操作。

课前小故事

小丽是一个很有文采的女孩子，她大学毕业后顺利地应聘到一家广告公司上班。虽然在试用期，但凭着出色的文笔和才能，小丽马上就被确立为公司文案部门的重点培养对象。但此时的小丽没有认识到责任对工作的价值，她对公司提供的学习资料视而不见，只凭兴趣偶尔翻翻，根本不把这些事情放在心上。当公司把一个服装展的形象包装与宣传项目交给她后，她的方案竟然是抄袭业内广为流传的一个著名作品。为此，老板严肃地批评她，说她拿公司的声誉当儿戏，她也承认了错误。没多久，又有一个运动鞋的广告交由小丽负责，然而，这次她交上来的广告语居然又是早已经在各种媒体上耳熟能详的另一品牌运动鞋的广告口号。公司再不能接受这样敷衍了事、对工作不负责任的员工了。于是，试用期结束后，小丽永远地离开了这家公司。

敬业精神是责任的一种延续，一个对工作有敬业精神的人，会把职业当作自己的使命，这样的员工是真正有责任感的员工。如果没有责任心，敬业精神就只能是一种空谈。

课前引导问题

引导问题 1：课前小故事中，小丽是如何失败的？

_____

_____

引导问题 2：本模块知识点对应《"1+X"建筑信息模型（BIM）职业技能等级证书考评大纲》及人社部"建筑信息模型技术员"国家职业技能标准中哪些技能点？

_____

_____

引导问题 3：Autodesk Navisworks 软件主要应用领域都有哪些？

_____

_____

引导问题 4：Autodesk Navisworks 软件安装方式方法都是什么？

_____

_____

学习单元一　软件概述

Autodesk Navisworks 软件能够将 Auto CAD 和 Revit 系列等应用创建的设计数据，与来自其他设计工具的几何图形和信息相结合，将其作为整体的三维项目，通过多种文件格式进行实时审阅，而无须考虑文件的大小。Autodesk Navisworks 软件产品可以帮助所有相关方将项目作为一个整体来看待，从

单元练习资源包

微课：软件概述

而优化从设计决策、建筑实施、性能预测和规划直至设施管理和运营等各个环节。

Autodesk Navisworks Manage 软件是设计和施工管理专业人员使用的一款全面审阅解决方案，用于保证项目顺利进行的软件。Autodesk Navisworks Manage 软件将精确的错误查找和冲突管理功能与动态的四维项目进度仿真及照片级可视化功能完美结合。Autodesk Navisworks Manage 软件能够精确地再现设计意图，制定准确的四维施工进度表，超前实现施工项目的可视化。在实际动工前，可以在真实的环境中体验所设计的项目，更加全面地评估和验证所用材质与纹理是否符合设计意图。Autodesk Navisworks Manage 软件支持实现整个项目的实时可视化，审阅各种格式的文件，而无须考虑文件大小。

Autodesk Navisworks Manage 软件通过将 Autodesk Navisworks Review 与 Autodesk Navisworks Simulate 软件中的功能与强大的冲突检测功能相结合，为施工项目提供了最全面的 Navisworks 软件审阅解决方案。Autodesk Navisworks Manage 软件可以提高施工文档的一致性、协调性、准确性，简化贯穿企业与团队的整个工作流程，帮助减少浪费、提升效率，同时显著减少设计变更。

Autodesk Navisworks Manage 可以实现实时的可视化，支持漫游并探索复杂的三维模型及其中包含的所有项目信息，而无须预编程的动画或先进的硬件。通过对三维项目模型中潜在冲突进行有效的辨别、检查与报告，Autodesk Navisworks Manage 能够帮助减少错误频出的手动检查，并支持用户检查时间与空间是否协调，改进场地与工作流程规划。通过对三维设计的高效分析与协调，用户能够进行更好的控制，做到高枕无忧，及早预测和发现错误，可以避免因误算造成的高昂代价。该软件可以将多种格式的三维数据，无论文件的大小，合并为一个完整、真实的建筑信息模型，以便查看与分析所有数据信息。

Autodesk Navisworks Manage 将精确的错误查找功能与基于硬冲突、软冲突、净空冲突与时间冲突的管理结合。快速审阅和反复检查由多种三维设计软件创建的几何图元。对项目中发现的所有冲突进行完整记录。检查时间与空间是否协调，在规划阶段消除工

作流程中的问题。基于点与线的冲突分析功能则便于工程师将激光扫描的竣工环境与实际模型协调。

学习单元二　软件安装

一、单机版安装

（一）安装准备

准备安装前，应查看系统要求，了解管理权限要求，找到 Autodesk Navisworks Manage 序列号和产品密钥，关闭所有正在运行的应用程序。完成这些任务，便可以开始安装 Autodesk Navisworks Manage 软件。

微课：软件安装

（二）系统要求

需要完成的第一项任务是确保计算机满足最低系统要求；如果系统不满足这些要求，则在 Autodesk Navisworks Manage 内和操作系统级别上都可能会出现问题。单独安装需要用户计算机的硬件和软件分别满足表 1-1 和表 1-2 的要求。

表 1-1　单独安装要求

单独安装要求	
操作系统	Microsoft® Windows® 10（64 位）
CPU	3.0 GHz 或更快的处理器
RAM	2 GB RAM（最低要求）
磁盘空间	15 GB 可用磁盘空间（用于安装）
显卡	支持 Direct3D 9®、OpenGL® 和 Shader Model 2 的显卡（最低要求）
显示器	1 280 × 800 真彩色 VGA 显示器（建议使用 1 920 × 1 080 显示器和 32 位视频显示适配器）
指针设备	Microsoft 鼠标兼容的指针设备
浏览器	Microsoft Internet Explorer 11

表 1-2 客户端计算机的硬件和软件要求

客户端计算机的硬件和软件要求	
操作系统	Microsoft Windows 10（64 位）
CPU	3.0 GHz 或更快的处理器
RAM	2 GB RAM（最低要求）
磁盘空间	15 GB 可用磁盘空间（用于安装）
显卡	支持 Shader Model 2、Direct3D 9 和 OpenGL 的显卡（最低要求）
显示器	1 280 × 800 真彩色 VGA 显示器（建议使用 1 920 × 1 080 显示器和 32 位视频显示适配器）
指针设备	Microsoft 鼠标兼容的指针设备
浏览器	Microsoft Internet Explorer 11

（三）软件安装

Autodesk Navisworks Manage "安装" 向导包含安装相关的所有资料，这些资料位于同一位置。从 "安装" 向导中，可以访问用户文档，更改安装程序语言，选择某种特定语言的产品，安装补充工具，查看支持解决方案，并了解如何在网络上展开其产品。

（四）默认安装

默认安装是在系统上安装 Autodesk Navisworks Manage 的最快捷的方式。仅使用默认值，表示该安装是典型安装，安装在 C：\ProgramFiles\Autodesk\Navisworks Manage。使用默认值在独立计算机上安装 Autodesk Navisworks Manage 的步骤如下：

（1）关闭计算机上所有正在运行的应用程序并启动安装向导。

（2）在 "安装" 向导中，如果需要，可以从 "安装说明" 下拉菜单中为 "安装" 向导选择另一种语言，然后单击 "安装" 按钮。

（3）查看适用于所在国家 / 地区的 Autodesk 软件许可协议。用户必须接受协议才能继续安装。选择所在国家 / 地区，单击 "我接受" 按钮，然后单击 "下一步" 按钮。需要注意的是，如果不同意许可协议的条款并希望终止安装，单击 "取消" 按钮。

（4）在 "产品信息" 页面上，选择 "单机" 并输入序列号和产品密钥，然后单击 "下一步" 按钮。

（5）在 "配置安装" 页面上，选择要安装的产品，如果需要，可以从 "产品语言" 下拉菜单中添加语言包。

（6）如果需要，可以使用 "安装路径" "浏览" 命令来选择要安装产品的驱动器和位置。

（7）单击 "安装" 按钮。"安装" 向导将使用 "典型" 安装（将安装最常用的应用程序功能）来安装选择的产品。此时要查看 "典型" 安装包括哪些功能。需要注意的是，默认情况下，"安装" 向导将对计算机上安装的所有第三方产品启用导出器插件。

（8）单击 "完成" 按钮，完成安装。

（五）配置值安装

通过配置值安装，可以精确优化要安装的内容，可以更改许可类型、安装类型、安装路径，并指定项目和站点文件夹的位置。使用配置值在独立的计算机上安装 Autodesk Navisworks Manage 的步骤：

（1）关闭计算机上所有正在运行的应用程序并启动"安装"向导。

（2）在"安装"向导中，如果需要，可以从"安装说明"下拉菜单中为"安装"向导选择另一种语言，然后单击"安装"按钮。

（3）查看适用于所在国家 / 地区的 Autodesk 软件许可协议。用户必须接受协议才能继续安装。选择所在国家 / 地区，单击"我接受"按钮，然后单击"下一步"按钮。需要注意的是，如果不同意许可协议的条款并希望终止安装，单击"取消"按钮。

（4）在"产品信息"页面上，选择"许可类型"（"单机"或"网络"）并输入序列号和产品密钥，然后单击"下一步"按钮。

（5）在"配置安装"页面上，选择要安装的产品，如果需要，可以从"产品语言"下拉菜单中添加语言包。

（6）单击产品名称可以打开配置面板，在其中可以查看和更改设置。根据需要配置设置后，单击产品名称可以关闭配置面板。

（7）如果需要，可以使用"安装路径""浏览"命令来选择要安装产品的驱动器和位置。

（8）单击"安装"按钮，"安装"向导会使用"自定义"安装设置安装选择的产品。

（9）单击"完成"按钮，完成安装。

二、多用户安装

（一）安装类型

设置展开时，可以根据目标平台和许可类型指定安装类型。

（二）目标平台

指定 32 位或 64 位平台，具体取决于将使用该展开的计算机的操作系统。对于某些 Autodesk 产品，可以在 64 位操作系统上安装 32 位版本的平台。

（三）许可类型

根据所购买的许可类型，指定以下许可类型之一。

1. 网络许可安装

通过网络许可安装，可以将程序安装到工作站上，包括程序用来与 Network License Manager 进行通信的文件和注册表项。也可以定义 Network License Manager 的配置，以便访问许可。运行基于网络安装的程序的工作站不需要单独激活，至少有一台许可服务器管理该程序的许可。其主要优点是可以在多于所购买许可数量的系统上安装 Autodesk Navisworks Manage（例如，购买了 25 个许可，但是安装在 40 个工作站中）。在任何情况下，Autodesk Navisworks Manage 都可以在许可所允许的最大数量的系统上同时运行，这表示获得了真实浮动许可。

2. 多套单机安装（单机选项）

多套单机安装类型适用于单机安装（对于多套安装，使用单个序列号和产品密钥）。多套单机安装不使用 Network License Manager 管理产品许可，但用户仍可以使用 Autodesk Navisworks Manage "安装" 向导创建管理映像。多套单机安装的注册和激活将更加自动化。使用多套单机序列号首次激活后，基于此展开的所有工作站都将自动激活（只要系统连接到 Internet）。

3. 单机安装（单机选项）

单机安装类型适用于单机安装（对于单套安装，使用单个序列号和产品密钥）。如同多套单机安装一样，不使用 Network License Manager 管理产品许可，但可以在每个工作站上进行安装、注册和激活。

（四）许可服务器

如果选择 "网络许可" 选项，需要确定使用哪种许可服务器模式来分发产品许可。提示：如果展开单机安装或多套单机安装类型，则不要使用许可服务器模式。对于网络安装，使用下列某个许可服务器模式：

（1）单一许可服务器模式。因为 Network License Manager 安装在单一许可服务器上，所以许可证管理和活动仅限于此服务器。单一许可文件表示服务器上可用许可的总数。

（2）分布式许可服务器模式。使用该模式许可分布在多台服务器上，每台服务器都要求具有唯一的许可文件。要创建分布式许可服务器，必须在分布式服务器池中的每台服务器上运行 Network License Manager。

（3）冗余许可服务器模式。冗余许可服务器模式使用三台服务器验证单一许可文件。一台服务器作为主服务器，另外两台服务器在主服务器无法工作时提供备份。使用此模式，只要有两台服务器正常工作，即可继续监视和分发许可。三台服务器上的许可文件是同一文件。每台服务器上都必须安装 Network License Manager。

每种许可服务器模式在《Autodesk 许可手册》中均有详细说明。强烈建议在展开程序之前阅读该手册。单击 Autodesk Navisworks Manage 展开向导左下角的 "安装帮助" 链接可找到《Autodesk 许可手册》。

（五）网络工具设置

如果计划让用户使用网络许可证运行程序，则需使用 Network License Manager。使用 Network License Manager 可以帮助用户配置和管理许可服务器。

（六）安装 Network License Manager

Network License Manager 用于配置和管理许可服务器。安装 Network License Manager 的步骤如下：

（1）在 Autodesk Navisworks Manage"安装"向导中，单击"安装工具和实用程序"按钮。

（2）在"配置安装"页面上，选择"网络许可管理器"并单击"安装"按钮。

注意：可以接受默认安装路径（C：\Program Files\Autodesk）或单击"浏览"按钮以指定其他路径。如果输入的路径不存在，则将使用用户提供的名称和位置创建一个新的文件夹。

（3）查看适用于所在国家/地区的 Autodesk 软件许可协议。用户必须接受协议才能继续安装。选择所在国家/地区，单击"我接受"按钮，然后单击"下一步"按钮。

（4）显示"安装完成"页面时，单击"完成"按钮。

课后延学

一、任务实施

1. 安装 Navisworks 软件并保证顺利运行。

2. 创建 Navisworks 文件并进行保存。

3. 强制关闭 Navisworks 软件，尝试从备份文件中恢复文件。

二、评价标准

1. 能够安装软件至指定硬盘位置（10 分），能够准确填写密钥及软件序列号（10 分），能够进行单机版安装及多用户安装（20 分），能够正确卸载软件（10 分）。

2. 能够通过三种以上方式启动软件（20 分）。

3. 能够设置自动保存时间（15 分），能够通过备份文件恢复原始文件（15 分）。

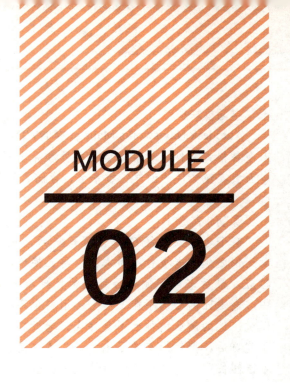

MODULE
02

学习模块二

使用文件

知识目标：

1. 熟知 Navisworks 兼容的文件格式。

2. 掌握相关文件的读取、导出和管理操作。

3. 掌握使用批处理自动执行常见文件导入／转换。

能力目标：

1. 能够进行 Navisworks 兼容文件的导入操作。

2. 能够完成 Navisworks 文件的读取和导出操作。

3. 能够进行 Navisworks 文件的创建、存储、删除、合并及批处理等操作。

素养目标：

1. 能够树立理想、强化责任、提高技能，保持积极工作心态。

2. 对个人经历进行反思，乐于向他人学习，更好地开展学习和了解自身。

3. 能够按时完成各项任务，遵守截止日期要求。

Autodesk Navisworks Manage 有 NWD、NWF 和 NWC 三种原生文件格式，并支持导入多种格式文件。软件内置读取器和导出器可快捷地完成文件的读写工作。软件通过窗口面板实现文件的创建、重命名、存储、删除、合并及批处理等管理操作。

课前小故事

有个老木匠已经 60 多岁了，一天，他告诉老板，自己要退休，回家与妻子儿女享受天伦之乐。老板舍不得木匠，再三挽留，而此时木匠决心已定、不为所动，老板只能答应。最后老板问他是否可以帮忙再建一座房子，老木匠答应了。在建造房子的过程中，老木匠的心已不在工作上，用料也不那么严格，做出来的活也全无往日的水准，可以说，他的敬业精神已不复存在。老板看在眼里，记在心里，但没有说什么，只是在房子建好后，把钥匙交给了老木匠。"这是你的房子，"老板说，"我送给你的礼物。"老木匠愣住了，他已记不清自己这一生盖了多少好房子，没想到最后却为自己建了这样一座粗制滥造的房子。究其原因，是老木匠没有把敬业精神当作一种优秀的职业品质坚持到底。

一个人做到一时敬业很容易，但要做到在工作中始终如一，将敬业精神当作自己的一种职业品质却是难能可贵的。敬业精神要求我们做任何事情都要善始善终，因为前面做得再好，也可能会由于最后的不坚持而导致功亏一篑、前功尽弃。

课前引导问题

引导问题 1：通过课前小故事，阐述老板向老木匠传达的人生道理。

_____

_____

引导问题 2：本模块知识点对应《"1+X"建筑信息模型（BIM）职业技能等级证书考评大纲》及人社部"建筑信息模型技术员"国家职业技能标准中哪些技能点？

_____

_____

引导问题 3：Autodesk Navisworks Manage 软件兼容哪些文件格式？

_____

_____

引导问题 4：如何使用批处理操作自动执行常见文件导入 / 转换？

_____

_____

学习单元一 **原生文件格式**

Autodesk Navisworks Manage 有 NWD、NWF 和 NWC 三种原生文件格式。

一、文件格式

（一）NWD 文件格式

NWD 文件包含所有模型几何图形及特定于 Autodesk Navisworks Manage 的数据，如审阅标记。可以将 NWD 文件看作模型当前状态的快照。NWD 文件非常小，因为它们将 CAD 数据最大压缩为原始大小的 80%。

（二）NWF 文件格式

NWF 文件包含指向原始原生文件（在"选择树"上列出）及特定于 Autodesk Navisworks Manage 的数据（如审阅标记）的链接。此文件格式不会保存任何模型几何图形，这使 NWF 的文件大小要比 NWD 文件小很多。

（三）NWC 文件格式（缓存文件）

在默认情况下，在 Autodesk Navisworks Manage 中打开或附加任何原生 CAD 文件或激光扫描文件时，将在原始文件所在的目录中创建一个与原始文件同名但文件扩展名为".nwc"的缓存文件。

由于 NWC 文件比原始文件小，因此可以加快对常用文件的访问速度。下次在 Autodesk Navisworks Manage 中打开或附加文件时，将从相应的缓存文件（如果该文件比原始文件新）中读取数据。如果缓存文件较旧（这意味着原始文件已更改），Autodesk Navisworks Manage 将转换已更新文件，并为其创建一个新的缓存文件。

二、数据集

用户可以使用 Autodesk Navisworks Manage 将设计文件合并为复杂的数据集。通过将所支持外部文件中的几何图形和元数据引入到当前场景中，Autodesk Navisworks Manage 使用户可以将设计文件合并在一起。Autodesk Navisworks Manage 会自动对齐模型的旋转和原点，并重新调整每个附加文件中的单位以与显示单位匹配。如果旋转、原点或单位对于场景不正确，可以针对每个合并文件手动调整它们。对于多页文件，也可以将内部项目源中的几何图形和数据引入到当前打开的图纸或模型中。可以将选定文件中的几何图形和数据附加到当前的三维模型或二维图纸中。

（一）附件文件

（1）单击"常用"选项卡"项目"面板中的"附加"按钮。

（2）在"附加"对话框中"文件类型"下拉列表中选择适当的文件类型，然后导航到要添加的文件所在的文件夹，如图 2-1 所示。

（3）选择所需的文件，单击"打开"按钮。

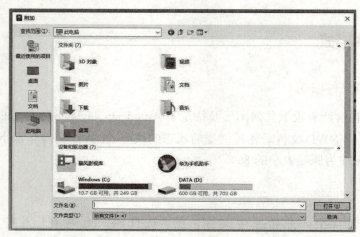

图 2-1 "附加"对话框

（二）三维文件变换

（1）在"选择树"中所需的三维文件上单击鼠标右键，弹出如图 2-2 所示的快捷菜单，然后单击选择快捷菜单中的"单位和变换"选项。

（2）在"单位和变换"对话框中的"单位"下拉列表中选择所需的格式，如图 2-3 所示。

（3）单击"确定"按钮。

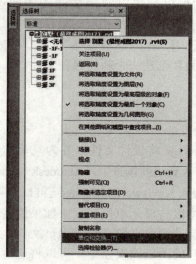 

图 2-2 "选择树"工具栏　　　**图 2-3 "单位和变换"对话框**

（三）刷新文件

在 Autodesk Navisworks Manage 中工作时，其他人可能在处理当前正在审阅的 CAD 文件。例如，如果协调某个项目的各个领域，则可能有一个参照多个设计文件的 NWF 文件。在项目的迭代阶段，设计团队的任何成员都可能修改其 CAD 文件。为确保审阅的数据是最新的，Autodesk Navisworks Manage 提供了刷新功能，如图 2-4 所示，用于重新打开自从开始审阅任务以来已在磁盘上修改的文件。

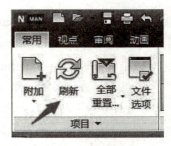

图 2-4　"刷新"工具

（四）合并文件

Autodesk Navisworks Manage 是一个协作性解决方案的软件，尽管用户可能以不同的方式审阅模型，但其最终的文件可以合并为一个 Autodesk Navisworks Manage 文件，并自动删除任何重复的几何图形和标记。合并构成同一参照文件的多个 NWF 文件时，Autodesk Navisworks Manage 只载入一组合并模型及每个 NWF 文件的所有审阅标记（如标记、视点或注释）。合并后将删除任何重复的几何图形或标记。对于多页文件，也可以将内部项目源中的几何图形和数据（即项目浏览器中列出的二维图纸或三维模型）合并到当前打开的图纸或模型中。可按下列步骤进行操作：

图 2-5　"合并"工具

（1）在快速访问工具栏中单击"新建"按钮。

（2）打开第一个具有审阅标记的文件。

（3）单击"常用"选项卡"项目"面板中的"合并"按钮，如图 2-5 所示。

（4）在"合并"对话框"文件类型"下拉列表中选择适当的文件类型（NWD 或 NWF），然后导航到要合并的文件所在的文件夹。

（5）选择所需的文件，然后单击"打开"按钮。

学习单元二　批处理实用程序

可以使用批处理实用程序自动执行常见文件导入 / 转换过程。如果将批处理实用程序与 Windows 任务计划程序结合使用，则可以将任务设置为按设定的时间和时间间隔自动运行。

一、生成设计文件列表

（1）在 Autodesk Navisworks Manage 应用程序中，打开所需的 Autodesk Navisworks Manage 文件，然后单击"常用"选项卡"工具"面板中的"Navisworks Batch Utility"按钮，如图 2-6 所示。

单元练习资源包

（2）系统将弹出 Autodesk Navisworks Manage "Navisworks Batch Utility"对话框，如图 2-7 所示，并会自动将当前模型的路径添加到该对话框的"输入"选项组。

（3）在"输出"选项组的"作为单个文件"选项卡中，单击"浏览"按钮。

（4）在"将输出另存为"对话框中，浏览选择所需的文件夹，然后输入文本文件的名称。

（5）在"保存类型"下拉列表中，选择"文件列表（*.txt）"选项，然后单击"保存"按钮。

（6）在 Autodesk Navisworks Manage "Navisworks Batch Utility"对话框中，单击"运行命令"按钮。

图 2-6　批处理实用程序

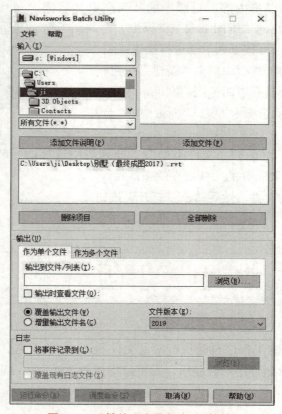

图 2-7　"批处理实用程序"对话框

二、多设计文件附加

（一）多设计文件附加

（1）在 Autodesk Navisworks Manage 应用程序中，单击"常用"选项卡"工具"面板中的"Navisworks Batch Utility"按钮。

（2）在 Autodesk Navisworks Manage"Navisworks Batch Utility"对话框中，使用"输入"选项组来创建供转换的设计文件列表。

（3）在"输出"选项组的"作为单个文件"选项卡中，单击"浏览"按钮。

（4）在"将输出另存为"对话框中，浏览选择所需的文件夹，然后输入新文件的名称。

（5）在"保存类型"下拉列表中，选择所需的文件格式（NWD 或 NWF），然后单击"保存"按钮。

（6）要在创建文件后立即自动打开它，勾选"输出时查看文件"复选框。

（7）如果要向文件名的末尾附加一个四位数字，请选中"增量输出文件名"单选按钮。默认情况下，会覆盖旧输出文件。

（8）单击"运行命令"按钮。

（二）多文件附加转换

（1）在 Autodesk Navisworks Manage 应用程序中，单击"常用"选项卡"工具"面板中的"Navisworks Batch Utility"按钮。

（2）在 Autodesk Navisworks Manage"Navisworks Batch Utility"对话框中，使用"输入"选项组来创建供转换的设计文件列表，如图 2-8 所示。

（3）在"输出"选项组的"作为多个文件"选项卡中，为转换的文件选择位置。在默认情况下，会在与源文件相同的位置创建文件。如果需要更改输出位置，请选中"输出到目录"单选按钮，然后单击"浏览"按钮。在"浏览文件夹"对话框中选择所需的文件夹。

图 2-8　输入区域

（4）选中"增量输出文件名"单选按钮以向文件名的末尾附加一个四位数字。在默认情况下，会覆盖旧输出文件。

（5）单击"调度命令"按钮。

（6）在"将任务文件另存为"对话框中，浏览选择需要保存的位置，然后单击"保存"按钮。

（7）在"调度任务"对话框中（图2-9），更改任务名称（如果需要），然后输入用户名和密码，单击"确定"按钮。

（8）在"Navisworks Batch Utility任务"的"计划"选项卡中（图2-10），单击"新建"按钮，然后指定运行任务的时间和频率，可以根据需要添加任意个任务。

（9）单击"确定"按钮。

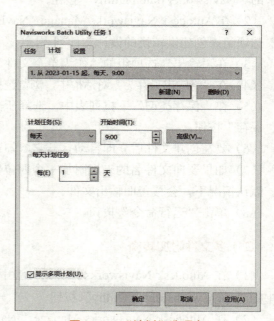

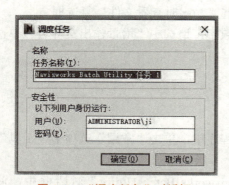

图 2-9 "调度任务"对话框   图 2-10 "计划"选项卡

课后延学

一、任务实施

1. 顺利打开课后资源包中"场地模型 .FBX""项目视点 .xml""新建建筑 .rvt""已有建筑 .DWG"四种文件。

2. 将课后资源包中"场地模型 .FBX""项目视点 .xml""新建建筑 .rvt""已有建筑 .DWG"四种文件导入一个新项目中，并通过单位设置进行正常视图显示。

课后资源包

二、评价标准

1. 顺利打开"场地模型 .FBX"（5分），顺利打开"项目视点 .xml"（5分），顺利打开"新建建筑 .rvt"（5分），顺利打开"已有建筑 .DWG"（5分）。

2. 正确将"场地模型 .FBX""项目视点 .xml""新建建筑 .rvt""已有建筑 .DWG"四种格式文件进行合并（40分）。

3. 通过单位设置使无法显示模型正确显示（40分）。

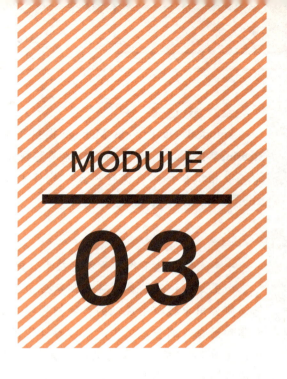

MODULE

03

学习模块三

....

浏览模型

....

知识目标：

1. 熟知 Navisworks 导航工具的种类。

2. 掌握 ViewCube、3Dconnexion、SteeringWheels等通用导航工具的原理。

3. 掌握导航辅助工具及相关设置。

能力目标：

1. 能够使用导航工具调整到合理视点。

2. 能够设置相机视点。

3. 能够利用辅助工具及设置调整导航的效果。

素养目标：

1. 具有按照职能充分履职，认真负责、严谨细致的素质。

2. 识别和探究出"自我效能"等多种策略，妥善处理变化、挑战和逆
   境，并对这些策略进行反思。

3. 有效地计划并实施各种活动。

Autodesk Navisworks Manage 提供了通用导航工具（如 ViewCube、3Dconnexion 和 SteeringWheels），可准确便捷地调整视点。Autodesk Navisworks Manage 提供了相机功能，以相机视角观察保存视点。软件中提供的平视、剖视及效果设置，辅助 Autodesk Navisworks Manage 的视点调整。

课前小故事

一个人努力地工作，不仅有益于公司、有益于老板，其实，更有益于自己。

小王是一位采购员，在来到新公司工作之前，他就花了很长的一段时间学习和研究怎样使公司赚钱、用最低的价钱把货物买进。他在新公司的采购部门找到一个职位后，就非常勤奋且刻苦地工作，千方百计找供货最便宜的供应商，买进上百种公司急需的货物。在他 29 岁那年，他为公司节省出的资金已超过 180 万元。公司的董事长知道了这件事情后，马上就给小王加薪，他在 36 岁时成为这家公司的副总裁。小王的这种对待工作狂热的激情和姿态适用于每个人，他的敬业精神值得我们每个人学习。

当你意识到自己不够敬业，或者别人提醒你应该敬业时，你就应该深刻地反思。试着换一种心态去看待工作，试着换一个角度去看待你和老板的关系，你就会发现敬业的价值所在。

课前引导问题

引导问题 1：根据课前小故事，阐述敬业精神的价值所在。

_____

_____

引导问题 2：本模块知识点对应《"1+X"建筑信息模型（BIM）职业技能等级证书考评大纲》及人社部"建筑信息模型技术员"国家职业技能标准中哪些技能点？

_____

_____

引导问题 3：Autodesk Navisworks Manage 导航工具都有哪些及各自使用方法是什么？

_____

_____

引导问题 4：如何设置相机视点以获得最佳观测效果？

_____

_____

学习单元一　导航场景

一、三维空间方向

虽然 Autodesk Navisworks Manage 使用 *X*、*Y*、*Z* 坐标系，但对于每个特定轴实际"指向"的方向，并不存在任何必须遵守的规则。

Autodesk Navisworks Manage 会对已载入场景读取其映射方向，自动确定"向上"和"北方"。如果是新建文档，则将 *Z* 视为"向上"，将 *Y* 视为"北方"。对于整个模型（世界方向），可以更改"向上"方向和"北方"方向，而对于当前视点（视点矢量），则可以更改"向上"方向。

注意：更改视点向上矢量会影响依赖当前视点的"向上"方向的模式下的导航，如"漫游""受约束的动态观察"和"动态观察"。它还对剖面视图有一定的影响。

微课：导航场景1

微课：导航场景2

单元练习资源包

（一）视点对齐

在"场景视图"中，单击鼠标右键，在快捷菜单中执行"视点"→"设置视点向上"→"设置向上矢量"命令，如图 3-1 所示。

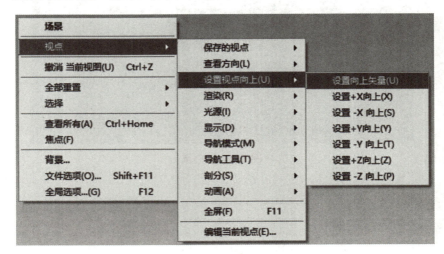

图 3-1　视点工具

（二）世界方向

（1）单击"常用"选项卡"项目"面板中的"文件选项"按钮。

（2）在"文件选项"对话框中的"方向"选项卡上，输入所需的值以调整模型方向，如图3-2所示。

二、SteeringWheels 工具

每个控制盘都被分成不同的按钮。每个按钮都包含用于重新设置模型当前视图方向的导航工具。可用的导航工具取决于当前处于活动状态的控制盘。通过"中心"工具，用户可以定义模型的当前视图中心。若要定义中心，将光标拖动到模型上。这时，除显示光标外，还会显示一个球体（轴心点），如图3-3所示。该球体表示，当松开鼠标左键后，模型中光标下方的点将成为当前视图的中心。模型将以该球体为中心。

图3-2 "文件选项"对话框

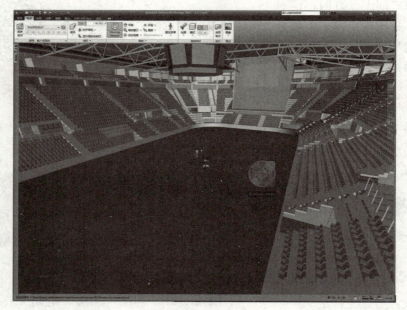

图3-3 轴心点

（一）视图中心

（1）显示全导航控制盘。

（2）单击并按住"中心"按钮，如图3-4所示。

（3）将鼠标光标拖动到模型中所需位置上方。

（4）显示球体时，松开定点设备上的按钮。平移模型，直至该球体被置于中心位置。

（二）重置视图

（1）显示巡视建筑控制盘（大）。

（2）单击并按住"向前"按钮。将显示拖动距离指示器。

（3）将鼠标光标向上或向下拖动以更改视点与模型间的距离。

（4）松开定点设备上的按钮，返回控制盘。

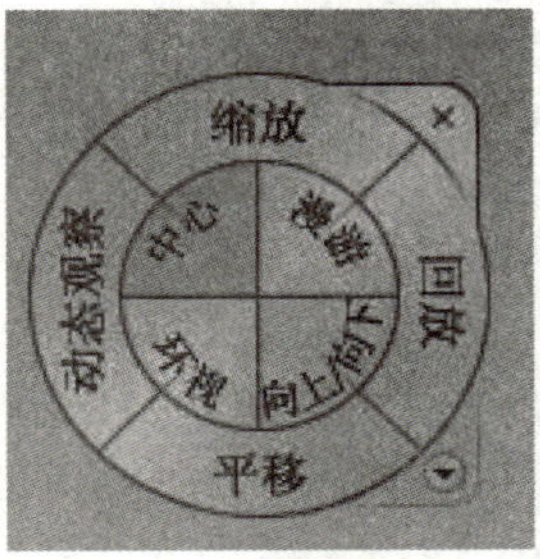

（三）"环视"工具

（1）显示全导航控制盘（大）。

（2）单击并按住"环视"按钮。鼠标光标将变为"环视"光标。

（3）拖动鼠标光标以更改环视时所处的方向。

（4）按住定点设备上的按钮并按箭头键在模型中漫游。

（5）松开定点设备上的按钮以返回控制盘。

（6）单击"关闭"按钮，退出控制盘。

图 3-4 "中心"按钮

（四）动态观察

使用"动态观察"工具可以更改模型的方向，如图 3-5 所示。鼠标光标将变为动态观察光标。拖动光标时，模型将绕轴心点旋转，而视图保持固定。通过选择保持模型的向上方向，可以控制绕轴心点动态观察模型的方式。保持向上方向时，动态观察将约束为沿 XY 轴（朝 Z 方向）。如果水平拖动，相机将平行于 XY 平面移动。如果垂直拖动，相机将沿 Z 轴移动。如果未保持向上方向，则用户可以使用以轴心点作为中心的滚动环来滚动模型。使用 SteeringWheels 的特性对话框可以控制是否对"动态观察"工具保持向上方向。

图 3-5 "动态观察"工具

学习单元二　导航工具

一、ViewCube 概述

ViewCube 工具是一个永存界面，如图 3-6 所示，可进行单击拖动，也可用来在模型的各个视图之间切换。显示 ViewCube 工具时，默认情况下它将位于"场景视图"的右上角，模型的上方，且处于

单元练习资源包

不活动状态。ViewCube 工具在视图发生更改时可提供有关模型当前视点的直观反映。将鼠标光标放置在 ViewCube 工具上后，ViewCube 将变为活动状态。可以拖动或单击 ViewCube，切换到可用预设视图之一、滚动当前视图或更改为模型的主视图。

（一）ViewCube

（1）在 ViewCube 工具上单击鼠标右键，在快捷菜单中选择"ViewCube 选项"，如图 3-7 所示。

图 3-6　"ViewCube"工具　　　　　　图 3-7　ViewCube 选项

（2）在"选项编辑器"中"界面"节点下的"ViewCube"页面中（图 3-8），从"大小"下拉列表中选择一个选项。

（3）单击"确定"按钮。

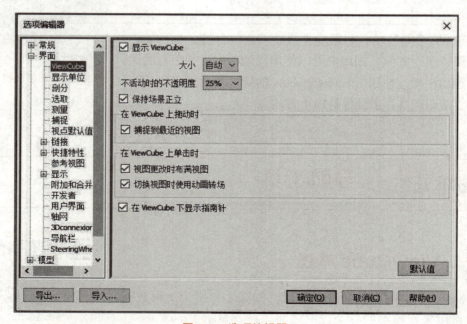

图 3-8　选项编辑器

（二）不透明度

（1）在 ViewCube 工具上单击鼠标右键，在快捷菜单中选择"ViewCube 选项"。

（2）在"选项编辑器"中"界面"节点下的"ViewCube"页面中，从"不活动时的不透明度"下拉列表中选择一个选项，如图 3-9 所示。

（3）单击"确定"按钮。

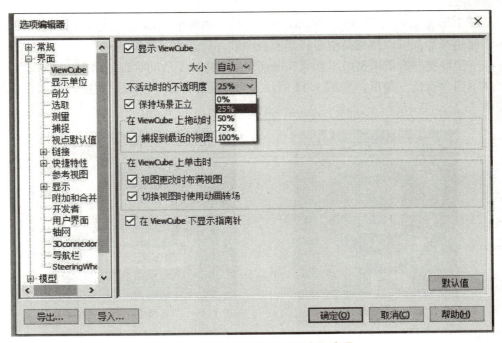

图 3-9　"不活动时的不透明度"选项

（三）视图方向

ViewCube 可用于重新设置模型当前视图的方向。可以通过单击预定义区域以将预设视图设为当前视图来使用 ViewCube 工具重新设置模型视图的方向，可以通过单击并拖动来随意更改模型的视图角度，也可以定义和恢复主视图。

ViewCube 工具提供了二十六个已定义部分，用户可以单击这些部分来更改模型的当前视图。这二十六个已定义部分分类为角、边和面三组。在这二十六个已定义部分中，有六个部分代表模型的标准平行视图，即上、下、前、后、左、右。通过单击 ViewCube 工具上的一个面来设定平行视图。使用其他二十个已定义部分可以访问模型的带角度视图。单击 ViewCube 工具上的一个角，可以基于模型三个侧面所定义的视点将模型当前视图的方向重新设置为四分之三视图。单击一条边，可以基于模型的两个侧面将模型视图的方向重新设置为半视图。也可以单击并拖动 ViewCube 工具以将模型视图的方向重新设置为自定义视图，而不是二十六个预定义部分中的任何视图。拖动时，鼠标光标将发生变化以指示正在重新设置模型当前视图的方向。如果将 ViewCube 工具拖动到接近于其中一个预设方向，并且将其设置为捕捉到最近的视图，则 ViewCube 工具会旋转到最近的预设方向。

ViewCube 工具的轮廓有助于识别所在方向的形式，即标准形式或固定形式。当 ViewCube 工具处于标准形式的方向且其方向未调整到二十六个预定义的部分之一时，它的轮廓将显示为虚线。当 ViewCube 工具约束到预定义的视图之一时，它的轮廓将显示为连续的实线。

从一个面视图查看模型时，ViewCube 工具旁边将显示两个弯箭头按钮，如图 3-10 所示。使用弯箭头可以绕视图中心将当前视图顺时针或逆时针旋转 90°。

从一个面视图查看模型时，如果 ViewCube 工具处于活动状态，则 ViewCube 工具旁边将显示四个直角三角形，如图 3-11 所示。可以使用这四个三角形切换到其中一个相邻面视图。

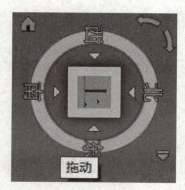

图 3-10 "弯箭头"工具按钮

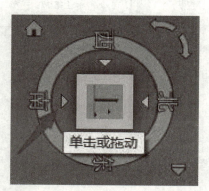

图 3-11 "直角三角形"工具按钮

（四）视图投影

ViewCube 工具支持两种视图投影模式（"透视"和"正视"）。"正视"投影也称为平行投影；"透视"投影视图基于理论相机与目标点之间的距离进行计算，如图 3-12 所示。相机与目标点之间的距离越短，显示的透视效果越失真；距离越长，对模型产生的失真影响越小。"正视"投影视图显示所投影的模型中平行于屏幕的所有点。由于无论距离相机有多远，模型的所有边都显示为相同的大小，因此在平行投影模式下使用模型会更容易。但是平行投影模式并非用户通常在现实世界中观看对象的方式。现实世界中的对象是以透视投影呈现的。因此，当用户要生成模型的渲染或隐藏线视图时，使用透视投影可以使模型看起来更真实。

可以将 ViewCube 工具锁定到一组选定的对象。将选择的对象锁定到 ViewCube 工具可以根据选定的对象定义当前视图的中心，以及与视图中心的距离。若要关闭"锁定到选定视图"，可以单击"主视图"按钮旁的"锁定到选定视图"按钮。打开"锁定到选定视图"后，视图方向更改时，选择或取消选择对象将不影响视图中心和距视图中心的距离。打开"锁定到选定视图"后，即使已将 ViewCube 工具设定为每个视图方向更改后缩放匹配到视图，也不会缩放匹配到模型视图。

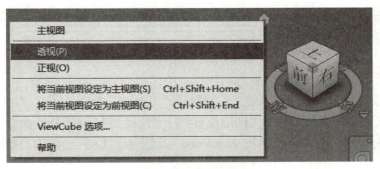

图 3-12 "透视"投影视图

在 ViewCube 工具上单击鼠标右键，然后单击"锁定到选定视图"按钮。如果视图方向更改时已选中"锁定到选定视图"，则对中选定对象并将视图缩放到选定对象范围。如果未选中该选项，则对中选定对象并将视图缩放到模型范围。

二、导航栏

导航栏是一种用户界面元素，如图 3-13 所示，用户可以从中访问通用导航工具和特定于产品的导航工具。通用导航工具（如 ViewCube、3Dconnexion 和 SteeringWheels）是在许多 Autodesk 产品中都提供的工具。导航栏沿"场景视图"的一侧浮动。通过单击导航栏中的一个按钮，或从单击分割按钮的较小部分时显示的列表中选择一种工具来启动导航工具。

（一）定向导航栏

可以通过将导航栏连接到 ViewCube 工具，在 ViewCube 工具不显示时将其固定或沿当前窗口的其中一侧自由定位来调整导航栏的位置和方向。连接到 ViewCube 工具时，导航栏会位于 ViewCube 工具的下方，并竖直定向。未连接或固定时，可以沿"场景视图"的其中一侧自由对齐导航栏。可以从"自定义"菜单指定如何重新定位导航栏。当导航栏未连接到 ViewCube 工具或固定时，将显示一个手柄。拖动导航栏上的夹点句柄将其沿"场景视图"的一个边重新定位。

图 3-13 导航栏

如果导航栏所对齐的"场景视图"一侧的长度不足以显示整个导航栏，则会将其截断至合适的长度。截断后，将会显示"更多控件"按钮，该按钮取代了"自定义"按钮。当用户单击"更多控件"按钮时，将显示一个菜单，其中包含当前没有显示的导航工具。

（1）在导航栏上，单击"自定义"按钮，如图 3-14 所示。

（2）执行"自定义"菜单→"固定位置"→"连接到 ViewCube"命令。当选中"连接到 ViewCube"时，会将导航栏和 ViewCube 一起重新定位于当前窗口周围。如果 ViewCube 没有显示，则导航栏将固定在代替 ViewCube 的相同位置。

（3）单击"自定义"菜单→"固定位置"按钮，然后单击一个固定位置，即完成导航栏和 ViewCube 的重新定位。

（二）导航栏连接

（1）在导航栏上，单击"自定义"按钮。

（2）执行"自定义"菜单→"固定位置"→"连接到 ViewCube"命令。当选中"连接到 ViewCube"时，会将导航栏和 ViewCube 一起重新定位于当前窗口周围，如图 3-15 所示。

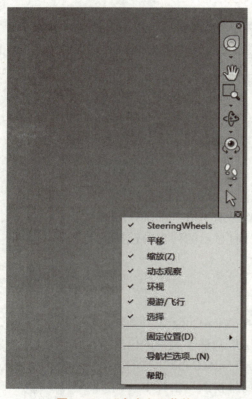

图 3-14 "自定义"菜单

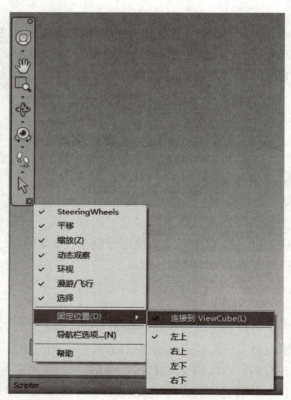

图 3-15 "连接到 ViewCube"工具

三、SteeringWheels

SteeringWheels（也叫作控制盘）将多个常用导航工具结合到一个界面中，从而节省时间。控制盘特定于查看模型时所处的上下文。如图 3-16 所示为各种可用的控制盘。

控制盘操作是视图交互的主要模式。显示控制盘后，单击其中一个按钮并按住定点设备上的按钮以激活导航工具，拖动以重新设置当前视图的方向，松开按钮可返回至控制盘。

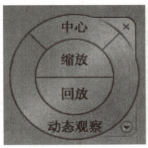 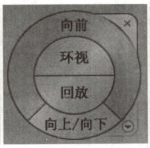 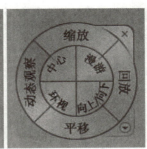

图 3-16　控制盘

可以通过在可用的不同控制盘样式之间切换来控制控制盘的外观，也可以通过调整大小和不透明度进行控制。控制盘有大版本和小版本两种不同的样式，如图 3-17 和图 3-18 所示。大控制盘比光标大，且标签显示在控制盘按钮上；小控制盘大约与光标的大小相同，且标签不显示在控制盘按钮上。

控制盘的大小控制显示在控制盘上的按钮和标签的大小；不透明度级别控制被控制盘遮挡的模型中对象的可见性。

光标移动到控制盘上的每个按钮上时，系统会显示该按钮的工具提示。工具提示出现在控制盘下方，并且在单击按钮时确定将要执行的操作。

与工具提示类似，当使用控制盘中的一种导航工具时，系统会显示工具消息和光标文字，如图 3-19 所示。当导航工具处于活动状态时，系统会显示工具消息；工具消息提供有关使用工具的基本说明。工具光标文字会在光标旁边显示活动导航工具的名称。禁用工具消息和光标文字只会影响使用小控制盘或全导航控制盘（大）时所显示的消息。

（一）控制盘大小

（1）显示控制盘。

（2）在控制盘上单击鼠标右键，在快捷菜单中选择"SteeringWheels 选项"，如图 3-20 所示。

（3）在"选项编辑器"中"界面"节点下的"Steering Wheels"页面中（图 3-21），从"大控制盘"或"小控制盘"选项组的"大小"下拉列表中选择一个选项。

（4）单击"确定"按钮。

图 3-17　大版本控制盘

图 3-18　小版本控制盘

图 3-19　消息和光标文字

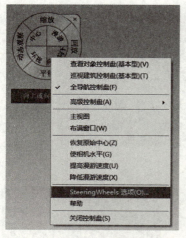

图 3-20　SteeringWheels 选项

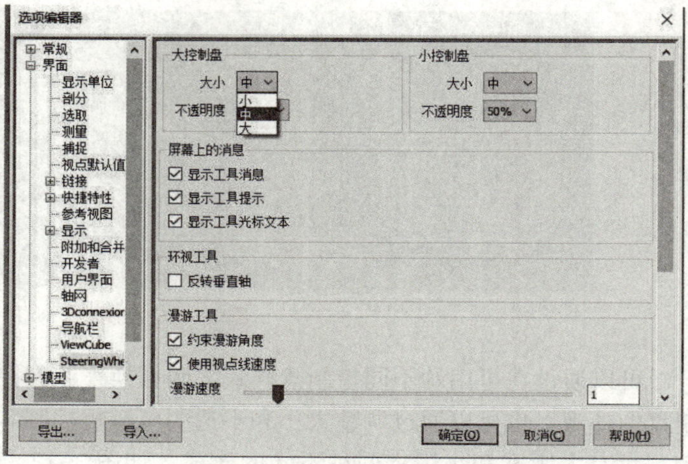

图 3-21　选项编辑器

（二）控制盘透明度

（1）显示控制盘。

（2）在控制盘上单击鼠标右键，在快捷菜单中选择"SteeringWheels 选项"，如图 3-20 所示。

（3）在"选项编辑器"中"界面"节点下的"SteeringWheels"页面中（图 3-22），从"大控制盘"或"小控制盘"选项组的"不透明度"下拉列表中选择一个选项。

（4）单击"确定"按钮。

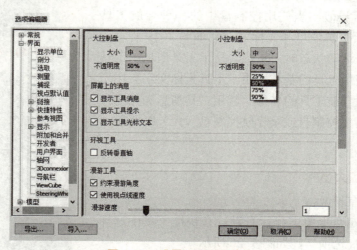

图 3-22　设置"不透明度"

（三）控制盘提示

（1）显示控制盘。

（2）在控制盘上单击鼠标右键，在快捷菜单中选择"SteeringWheels 选项"，如

图 3-20 所示。

（3）在"选项编辑器"中"界面"节点下的"SteeringWheels"页面中，勾选"屏幕上的消息"选项组中的"显示工具提示"复选框，如图 3-23 所示。鼠标光标移动到控制盘上时，将显示控制盘上每个按钮的工具提示。

（4）单击"确定"按钮。

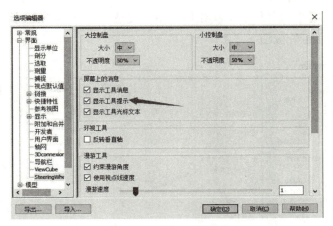

图 3-23　显示工具提示

（四）控制盘工具

（1）显示控制盘。

（2）在控制盘上单击鼠标右键，在快捷菜单中选择"SteeringWheels 选项"，如图 3-20 所示。

（3）在"选项编辑器"中"界面"节点下的"SteeringWheels"页面中，勾选"屏幕上的消息"选项组中的"显示工具消息"复选框，如图 3-24 所示。使用导航工具时将显示消息。

（4）单击"确定"按钮。

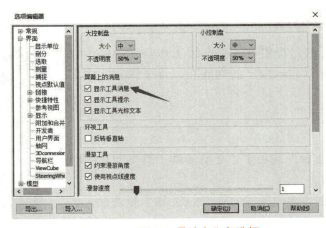

图 3-24　"显示工具消息"复选框

（五）控制盘光标

（1）显示控制盘。

（2）在控制盘上单击鼠标右键，在快捷菜单中选择"SteeringWheels 选项"，如图 3-20 所示。

（3）在"选项编辑器"中"界面"节点下的"SteeringWheels"页面中，勾选"屏幕上的消息"选项组中的"显示工具光标文本"复选框，如图 3-25 所示。

（4）单击"确定"按钮。

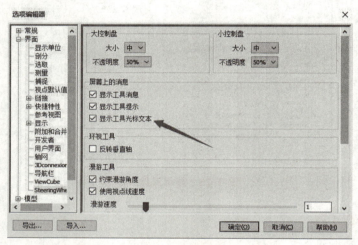

图 3-25　"显示工具光标文本"复选框

学习单元三　导航辅助工具

一、平视显示仪

平视显示仪元素是提供有关在三维工作空间中的位置和方向的信息的屏幕显示仪。此功能在二维工作空间中不可用。

（一）坐标轴

（1）单击"查看"选项卡"导航辅助工具"面板中的"HUD"下拉按钮。

（2）在下拉列表中勾选或清除"XYZ 轴"复选框，如图 3-26 所示。

图 3-26　"XYZ 轴"复选框

（二）位置读数器

（1）单击"查看"选项卡"导航辅助工具"面板中的"HUD"下拉按钮。

（2）在下拉列表中勾选或清除"位置读数器"复选框。

单元练习资源包

二、参考视图

参考视图用于获得在整个场景中所处位置的全景及在大模型中将相机快速移动到某个位置。该功能在三维工作空间中使用，在二维工作空间中不可用。参考视图显示模型的某个固定视图。默认情况下，剖面视图从模型的前方显示，而平面视图显示模型的俯视图，参考视图显示在可固定窗口内部，使用三角形标记表示当前视点。在导航时此标记会移动，从而显示视图的方向；还可以在该标记上按住鼠标左键并拖动以在"场景视图"中移动相机来拖动该标记。

（1）单击"查看"选项卡"导航辅助工具"面板中的"参考视图"下拉按钮，在下拉列表中勾选"平面视图"复选框，如图 3-27 所示。"平面视图"窗口打开显示模型的参考视图。

（2）将参考视图上的三角形标记拖动到一个新位置。"场景视图"中的相机会改变其位置以与视图中标记的位置相匹配。或者在"场景视图"中导航到其他位置，参考视图中的三角形标记会改变其位置以与"场景视图"中的相机位置相匹配。

（3）要操纵参考视图，在"平面视图"窗口中的任意位置上单击鼠标右键，使用快捷菜单调整所需视图。

图 3-27　"平面视图"复选框

（一）剖面视图

（1）单击"视图"选项卡"导航辅助工具"面板中的"参考视图"下拉按钮，在下拉列表中勾选"剖面视图"复选框。"剖面视图"窗口打开时，显示模型的参考视图。

（2）将参考视图上的三角形标记拖动到一个新位置。"场景视图"中的相机会改变其位置以与视图中标记的位置相匹配。或者在"场景视图"中导航到其他位置。参考视图中的三角形标记会改变其位置以与"场景视图"中的相机位置相匹配，如图 3-28 和图 3-29 所示。

（3）要操纵参考视图，在"剖面视图"窗口中的任意位置上单击鼠标右键，使用快捷菜单调整所需视图。

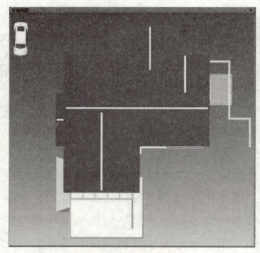

图 3-28　"俯视"参考视图　　　　图 3-29　"前视"参考视图

（二）保留

在 Autodesk Navisworks Manage 中围绕模型导航时，可以"拾取"或保持选定项目，并可在模型中来回移动。保持和释放对象的步骤如下：

（1）在"场景视图"或"选择树"中选择要保持的对象，如图 3-30 所示。

（2）单击"项目工具"选项卡"持定"面板中的"持定"按钮，如图 3-31 所示。现在，选定对象处于保持状态，并将在使用导航工具（如"漫游""平移"等）时随操作模型移动。

（3）要释放持定的对象，再次单击"持定"按钮。

（4）如果要将对象重置为其原始位置，单击"项目工具"选项卡"变换"面板中的"重置变换"按钮。

图 3-30　"选择树"中选择要保持的对象

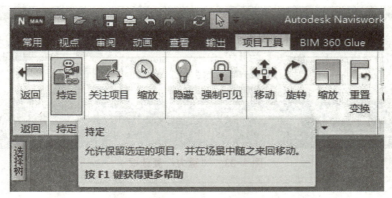

图 3-31　"持定"工具按钮

学习单元四　导航真实效果

对三维模型进行导航时，可以使用"视点"选项卡"导航"面板中的"真实效果"工具来控制导航的速度和真实效果，如图 3-32 所示。"真实效果"工具在二维工作空间中不可用。

单元练习资源包

图 3-32　"真实效果"工具

一、重力

碰撞提供体量，而重力提供重量。这样，用户（作为碰撞量）在场景中漫游的同时将被向下拉。例如，用户可以走下楼梯或依随地形而走动。

使用"漫游"工具时，单击"视点"选项卡"导航"面板中的"真实效果"下拉按钮，在下拉列表中勾选"重力"复选框，如图 3-33 所示。

微课：导航真实效果 1

微课：导航真实效果 2

图 3-33　"重力"复选框

二、蹲伏

　　在激活碰撞的情况下围绕模型漫游或飞行时，可能会遇到高度太低而无法在其下漫游的对象，如很低的管道。通过此功能可以蹲伏在任何这样对象的下面。激活蹲伏的情况下，对于在指定高度无法在其下漫游的任何对象，将在这些对象下面自动蹲伏，因此，不会妨碍用户围绕模型导航。

　　使用"漫游"工具或"飞行"工具时，单击"视点"选项卡"导航"面板中的"真实效果"下拉按钮，在下拉列表中勾选"蹲伏"复选框，如图 3-34 所示。

图 3-34　"蹲伏"复选框

三、碰撞

　　"碰撞"功能将用户定义为一个碰撞量，即一个可以围绕模型导航并与模型交互的三维对象，并服从将用户限制在模型本身内的某些物理规则。换而言之，用户有体量，因此，无法穿过场景中的其他对象、点或线。用户可以走上或爬上场景中高度达到碰撞量一半的对象，这样，用户可以走上楼梯。碰撞量就其基本形式而言，是一个球体（半

径为 r），可以将其拉伸以提供高度。启用碰撞后，渲染优先级会发生变化，这样相机或体现周围的对象与正常情况相比，显示的细节更多。高细节区域的大小基于碰撞量半径和移动速度，如图 3-35 所示。

使用"漫游"工具或"飞行"工具时，单击"视点"选项卡"导航"面板中的"真实效果"下拉按钮，在下拉列表中勾选"碰撞"复选框，如图 3-36 所示。

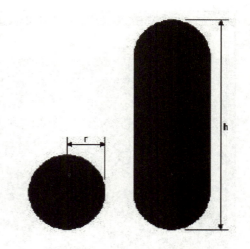

图 3-35　高细节区域

图 3-36　"碰撞"复选框

四、第三人视图

通过此功能可以通过第三人透视导航场景。激活第三人后，能够看到一个体现，该体现是用户自己在三维模型中的表示。在导航时，用户将控制体现与当前场景的交互。将第三人与碰撞和重力一起使用时，此功能将变得非常强大，使用户能够精确可视化一个人与所需设计交互的方式。用户可以为当前视点或作为一个全局选项自定义设置，如体现选择、尺寸和定位。启用第三人视图后，渲染优先级会发生变化，这样相机或体现周围的对象与正常情况下相比，显示的细节更多。高细节区域的大小基于碰撞量半径、移动速度和相机在体现之后的距离，如图 3-37 所示。

图 3-37　第三人视图

　　单击"视点"选项卡"导航"面板中的"真实效果"下拉按钮，在下拉列表中勾选"第三人"复选框，如图 3-38 所示。

图 3-38　"第三人"复选框

课后延学

一、任务实施

1. 打开课后资源包中的"导航场景 .nwd"文件，设置向上矢量，更改世界方向，更改视图中心，使用"环视"工具环视和漫游模型。

2. 打开课后资源包中的"ViewCube.nwd"文件，控制 ViewCube 大小，设置"控制 ViewCube 不活动时的不透明度"为 60%，实现"锁定到选定视图"。

课后资源包

3. 打开课后资源包中的"导航辅助工具 .nwd"文件，重新定位导航栏和 ViewCube，拖拽视图上的三角形标记至一个新位置，在"选择树"中选择要保持的对象并进行持定操作。

二、评价标准

1. 准确设置向上矢量（10分），准确更改世界方向（10分），准确更改视图中心（10分），准确使用"环视"工具环视和漫游模型（10分）。

2. 控制 ViewCube 大小（10分），设置"控制 ViewCube 不活动时的不透明度"为 60%（10分），实现"锁定到选定视图"（10分）。

3. 重新定位导航栏和 ViewCube（10分），拖拽视图上的三角形标记至一个新位置（10分），"选择树"中选择要保持的对象并进行持定操作（10分）。

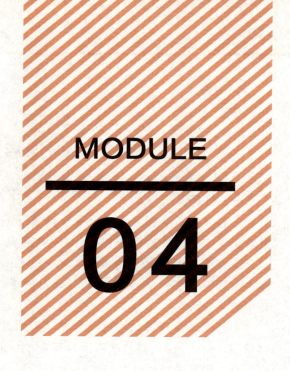

MODULE

04

学习模块四

控制模型

知识目标：

1. 掌握光源、背景、图元、模型等对象的渲染显示设置原理。
2. 掌握对象的选取、属性查看、查找、更改、编辑操作。
3. 掌握对象集的创建及使用功能。
4. 掌握测量工具、注释标记工具的使用方法。

能力目标：

1. 能够完成背景、图元、模型的显示设置。
2. 能够完成对象的选取、属性查看、查找对比、移动、缩放、旋转。
3. 能够完成对象集的创建及使用。
4. 能够对模型进行距离的测量并完成注释标注。

素养目标：

1. 能够践行工匠精神，探寻精益求精、追求极致的理想目标。
2. 了解并应用适当的规则或遵循大家认可的行为方式。
3. 了解并遵守各种行为规范和操作规范。

学习模块概述

本模块主要阐述模型对象的控制操作。Autodesk Navisworks Manage 提供多种光源和渲染设置，可以展现背景、图元、模型不同的显示效果。Autodesk Navisworks Manage 提供直观的模型选择功能，并可便捷地进行对象的移动、旋转、缩放、查找对比等操作。Autodesk Navisworks Manage 引入集合概念、可以将对象添加到对象集进行批量操作。利用测量工具和注释工具，实现在三维环境的实时测量与注释。通过链接功能，对象可链接多种数据源。

课前小故事

小王和小李共同进入一家工厂，做普通员工。他们的工作就是开冲压机。刚开始，他们都十分认真，工作也很努力。三个月后，小王就感到不耐烦了：这样的工作，既辛苦又累，每天重复着同样的工作，真是没趣，凭我的聪明才智，应该做好一点的工作，再说了，工资又这么低，干得再好，我也不能从公司那里得到更多的好处，老板也不会多给我一点工资，因此，这份工作根本就不值得我好好做。于是，他整天做事也不动脑筋，只想着跳出这个车间。小李可就不一样了，他干了一段时间后，发现开冲压机并不是一份简单的工作，要整天与模具打交道，于是他对模具产生了很大的兴趣，他一边工作，一边仔细地观察模具的结构以及生产的原理，经常向同事、朋友们了解关于模具的知识，下了班就扎进图书室查阅资料，凭着他熟练的工作实践和丰富的知识积累，渐渐地他也学会了装模、修模、调模以及处理各种问题，他精艺的技能水平和对工作认真负责的态度，很快就被上级领导观察到了，之后他被调入工模部做了一名制模工。三年以后，小王仍然开着那台冲压机，拿着一份并不高的薪水，而小李却成了一名优秀的制模师傅，他们之间的工资水平和各种福利待遇有着明显的差距。

这是为什么呢？很简单，是专业水平的高低决定了你在工作中能够创造价值的大小，它还为你提供了一次又一次改变命运的机会，只不过你都没有珍惜，与它们擦肩而过罢了。更值得注意的是，现代社会的竞争形势如此激烈，如果你不能在某一专业上做到精益求精，那么实现成长目的就无从谈起，而且下一个遭受淘汰命运的人就是你。

课前引导问题

引导问题 1：通过课前小故事，讲述在公司通过什么方式才能得到真正的职位晋升。

引导问题 2：本模块知识点对应《"1+X"建筑信息模型（BIM）职业技能等级证书考评大纲》及人社部"建筑信息模型技术员"国家职业技能标准中哪些技能点？

引导问题 3：光源、背景、图元、模型等对象的渲染显示设置原理有哪些？

| 学习单元一 | 选择对象 | |

对于大型模型，选择关注项目有可能是一个非常耗时的过程。Autodesk Navisworks Manage 通过提供快速选择几何图形的各种功能，大大简化了此任务。

对于交互式几何图形选择，Autodesk Navisworks Manage 中有活动选择集和保存选择集的概念。选择和查找项目会使它们成为当前选择集的一部分，以便用户可以隐藏它们或替代其他颜色。可以随时保存和命名当前选择，以供在以后的任务中进行检索。可以使用"选择树"中的选项卡，用"选择"工具和"框选"工具在"场景视图"中直接选择项目，并可以使用选择命令向现有选择中添加具有相似特性的其他项目。

"选择树"窗口是一个可固定窗口，其中显示模型结构的各种层次视图，如在创建模型的 CAD 应用程序定义的那样，如图 4-1 所示。

单元练习资源包

微课：选择对象 1

微课：选择对象2

微课：选择对象3

图 4-1　"选择树"窗口

Autodesk Navisworks Manage 使用此层次结构可确定对象特定的路径，默认情况下有标准、紧凑、特性三个选项卡，如图 4-2 所示。

可以通过使用 Autodesk Navisworks API 添加其他自定义的"选择树"选项卡。对项目的命名应尽可能反映原始 CAD 应用程序中的名称。可以从"选择树"复制并粘贴名称。要执行此操作，在"选择树"中的某个项目上单击鼠标右键，然后单击关联菜单中的"复制名称"。或者，可以单击"选择树"中的某个项目，然后按 Ctrl + C 组合键，即会将该名称复制到剪贴板中。不同的树图标表示构成模型结构的几何图形的类型。其中的每种项目类型都可以标记为"隐藏"（灰色）、"取消隐藏"（暗蓝色）或"必需"（红色）。

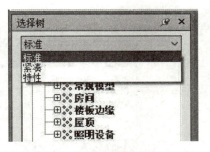

图 4-2　三个选项卡

一、选择树

（1）打开"选择树"，然后单击"标准"选项卡。

（2）单击"选择树"中的对象以选择"场景视图"中对应的几何图形。

（3）要同时选择多个项目，使用 Shift 键和 Ctrl 键。使用 Ctrl 键可以逐个选择多个项目；而使用 Shift 键可以选择选定的第一个项目和最后一个项目之间的多个项目，如图 4-3 所示。

选择工具步骤：在"常用"选项卡 →"选择和搜索"面板中提供两个选择工具（"选择"和

图 4-3　同时选择多个项目

"框选"），可用于控制选择几何图形的方式。在"场景视图"中选择几何图形，将在"选择树"中自动选择对应的对象。按住 Shift 键并在"场景视图"中选择项目时，可在选取精度之间切换，从而可以获得特定于所做选择的详细信息。可以使用"选项编辑器"，自定义为选定项目而必须与其保持的距离（拾取半径）。使用选择工具可以通过单击鼠标在"场景视图"中选择项目。通过单击"常用"选项卡 →"选择和搜索" →"选择" →"选择" 可激活该工具。选择单个项目后，"特性"窗口中就会显示其特性。

框选工具在选择框模式中，可以选择模型中的多个项目，方法是围绕要进行当前选择的区域拖动矩形框，如图 4-4 所示。

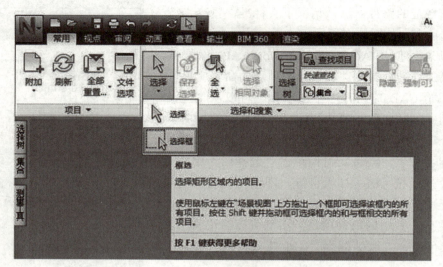

图 4-4　框选工具

二、拾取半径

（1）单击应用程序→"选项"按钮。

（2）在"选项编辑器"中，展开"界面"节点，然后选择"选取"选项。

（3）在"拾取半径"页面上，输入半径（以像素为单位），项目必须在此半径内才可被选中。有效值介于 1 和 9 之间，如图 4-5 所示。

（4）单击"确定"按钮。

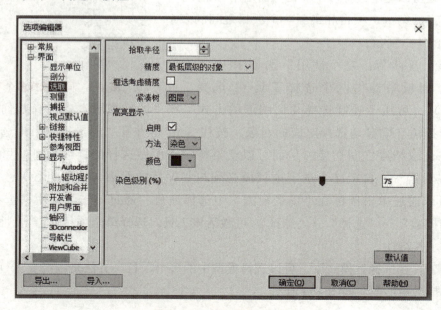

图 4-5　"拾取半径"页面

三、选取精度及色彩模式

设置选取精度，在"场景视图"中单击项目时，Autodesk Navisworks Manage 不知道要从哪个项目级别开始选择，默认选取精度指定"选择树"中对象路径的起点，以便 Autodesk Navisworks Manage 可以查找和选择项目。可以在"常用"→"选择和搜索"面板中自定义默认选取精度，如图 4-6 所示，或者使用"选项编辑器"。也可以使用更快的方法，即在"选择树"中的任何项目上单击鼠标右键，然后选择"将选取精度设置为 X"命令，其中"X"是可用的选取精度之一。如果发现选择了错误的项目级别，则可以按交互方式在选取精度之间切换，而不必转到"选项编辑器"或"常用"选项卡。可以通过按住 Shift 键并单击项目来完成此操作。每次单击项目时，这都会选择一个更具体的级别，直到精度为"几何图形"为止，此时它将恢复为"模型"。单击不同的项目，会将选取精度恢复为默认值。

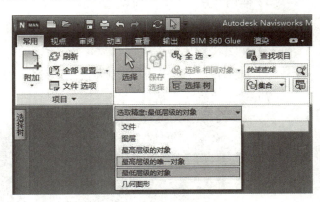

图 4-6 "选择和搜索"面板

色彩模式的设置步骤如下：

（1）单击应用程序→"选项"按钮。

（2）在"选项编辑器"中，展开"界面"节点，然后选择"选取"选项。

（3）在"选取"页面上，在"方法"框中为对象设置色彩模式，如图 4-7 所示。

（4）单击"确定"按钮。

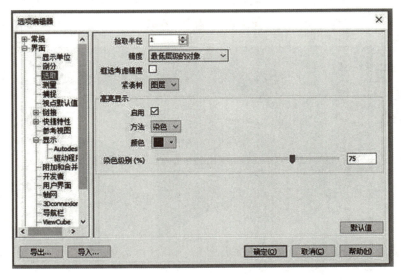

图 4-7 "选取"页面

043

四、高亮显示类型

高亮显示类型有着色、线框和染色三种，如图 4-8～图 4-10 所示。

（1）单击应用程序→"选项"按钮。

（2）在"选项编辑器"中，展开"界面"节点，然后选择"选取"选项。

（3）确保勾选了"启用"复选框。

（4）使用"方法"下拉列表选择所需的高亮显示类型（"着色""线框"或"染色"），如图 4-11 所示。

（5）单击"颜色"选项板选择高亮显示颜色。

（6）如果在"方法"框中选择了"染色"，使用滑块调整"染色级别"。

（7）单击"确定"按钮。

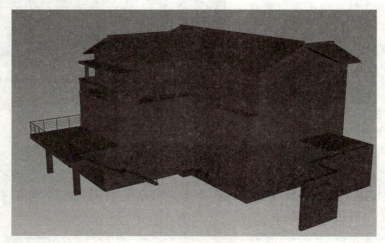

图 4-8 "着色"模式

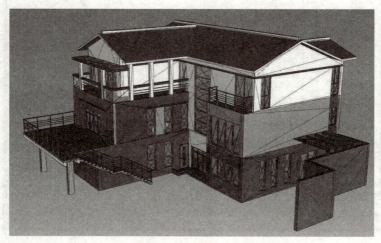

图 4-9 "线框"模式

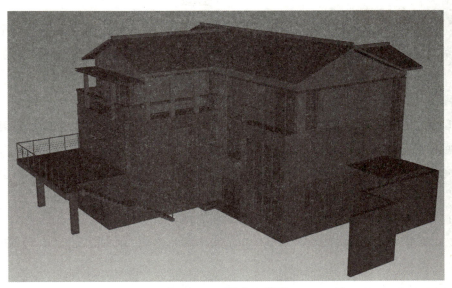

图 4-10　"染色" 模式

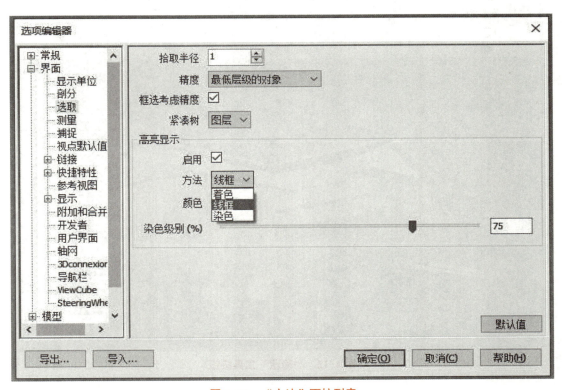

图 4-11　"方法" 下拉列表

五、对象隐藏

隐藏对象：Autodesk Navisworks Manage 提供了可用于隐藏和显示对象或对象组的工具。在"场景视图"中，不会绘制隐藏对象。

隐藏选定的对象可以隐藏当前选择中的对象，以使它们不会在"场景视图"中被绘制。希望删除模型的特定部分时，这是很有用的。例如，沿建筑物的走廊行走时，可能需要隐藏使用户无法看到下一个房间的墙。

隐藏未选定的对象可以隐藏除当前选定项目之外的所有项目，以使它们不会在"场景视图"中被绘制。仅希望查看模型的特定部分时，这是很有用的。

（1）在"场景视图"中，选择要隐藏的所有项目。

（2）单击"常用"选项卡"可见性"面板中的"隐藏"按钮，如图 4-12 所示。

图 4-12 "隐藏"工具按钮

学习单元二　控制对象

一、查找项目

查找是一种基于项目的特性向当前选择中添加项目的快速而有效的方法。可以使用"查找项目"窗口设置和运行搜索，然后可以保存该搜索，并在稍后的任务中重新运行或与其他用户共享。也可以使用"快速查找"，这是一种更快的搜索方法。它仅在附加到场景中的项目的所有特性名称和值中查找指定的字符串。

单元练习资源包　　微课：控制对象

"查找项目"窗口是一个可固定窗口，如图 4-13 所示，通过它可以搜索具有公共特性或特性组合的项目。左侧窗格包含"查找选择树"，其底部有几个选项卡，并允许选择开始搜索的项目级别，项目级别可以是文件、图层、实例、选择集等。

图 4-13　"查找项目"窗口

定义搜索语句，搜索语句包含特性（类别名称和特性名称的组合）、条件运算符和要针对选定特性测试的值，如图 4-14 所示。例如，搜索包含"铬"的"材质"，在默认情况下，将查找与语句条件匹配的所有项目（例如，使用铬材质的所有对象）。也可以对语句求反，在这种情况下，会改为查找与语句条件不匹配的所有项目。每个类别和特性名称都包含两个部分，即用户字符串（显示在 Autodesk Navisworks Manage 界面中）和内部字符串（不显示，主要由 API 使用）。在默认情况下，按这两部分匹配项目，但是如果需要，可以指示 Autodesk Navisworks Manage 仅按一部分匹配项目。例如，可以在搜索中忽略用

图 4-14　"搜索语句"

户名，而仅按内部名称匹配项目。这在计划与可能正在运行 Autodesk Navisworks Manage 本地化版本的其他用户共享已保存的搜索时会非常有用。

（一）当前搜索

（1）单击"常用"选项卡"选择和搜索"面板中的"集合"下拉菜单中的"管理集"按钮。将打开"集合"窗口，并使其成为活动窗口。

（2）在"集合"窗口中的任意位置单击鼠标右键，在快捷菜单中单击"保存选择"按钮。

（3）输入搜索集的名称，按 Enter 键，如图 4-15 所示。

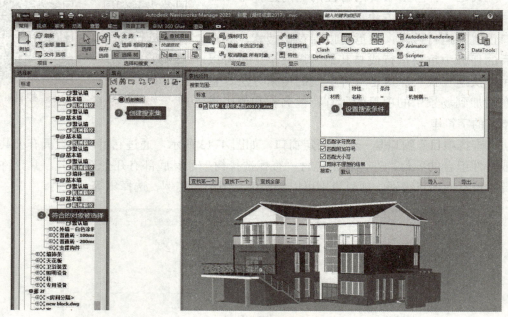

图 4-15　保存当前搜索

（二）搜索导出

（1）单击"输出"选项卡查找"导出数据"面板中的"当前搜索"按钮，如图 4-16 所示。

（2）在"导出"对话框中，浏览查找所需的文件夹。

（3）输入文件的名称，然后单击"保存"按钮。

图 4-16　导出当前搜索

（三）快速查找

（1）在"常用"选项卡"选择和搜索"面板中的"快速查找"文本框，输入要在所有项目特性中搜索的字符串。可以是一个词或几个词，搜索不区分大小写。

（2）单击"快速查找"。Autodesk Navisworks Manage 将在"选择树"中查找并选择与输入的文字匹配的第一个项目，并在"场景视图"中选中，然后停止搜索。

（3）要查找更多项目，需再次单击"快速查找"按钮（图 4-17）。如果有多个项目与输入的文字相匹配，则 Autodesk Navisworks Manage 将在"选择树"中选择下一个项目，并在"场景视图"中选中它，然后停止搜索。后续的单击将找到接下来的实例。

图 4-17　快速查找项目

二、对象集

在 Autodesk Navisworks Manage 中，可以创建并使用类似选择集及搜索集的对象组。这样可以更轻松地查看和分析模型。

选择集是静态的项目组，用于保存需要对其定期执行某项操作（如隐藏对象、更改透明度等）的一组对象。选择集仅存储一组项目以便稍后进行检索。不存在智能功能来支持、如果模型完全发生更改，再次调用选择集时仍会选择相同项目（假定它们在模型中仍可用），如图 4-18 所示。

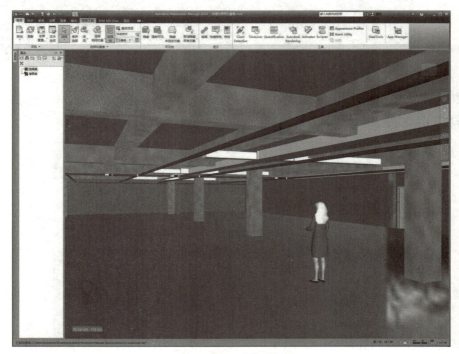

图 4-18　选择集

搜索集是动态的项目组，它与选择集的工作方式类似，只是它是保存搜索条件而不是选择结果，因此，可以在以后当模型更改时再次运行搜索。搜索集的功能更为强大，并且可以节省时间，尤其在 CAD 文件不断更新和修订的情况下，还可以导出搜索集，并与其他用户共享，如图 4-19 所示。

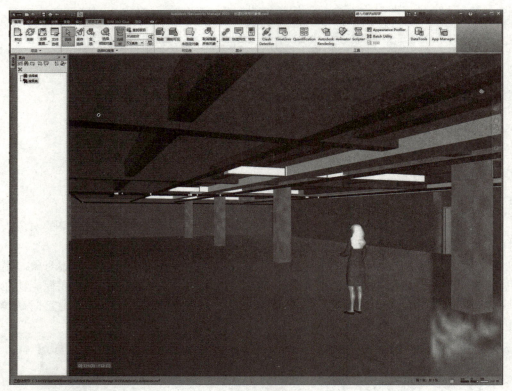

图 4-19　搜索集

"集合"窗口是一个可固定窗口，其中显示 Autodesk Navisworks Manage 文件中可用的选择集 和搜索集 ，如图 4-20 所示。

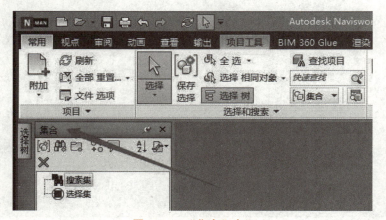

图 4-20　"集合"窗口

可以自定义选择集和搜索集的名称，并添加注释。可以从"集合"窗口复制并粘贴名称。要执行此操作，在"集合"窗口中的某个项目上单击鼠标右键，选择快捷菜单中的"复制名称"命令；或者，单击"集合"窗口中的某个项目，按"Ctrl + C"组合键，即可将该名称复制到剪贴板中。可以添加、移动和删除选择集和搜索集，以及将它们组织到文件夹中，还可以更新搜索集和选择集，如图 4-21 所示。可以在"场景视图"中修改当前选择，也可以修改当前搜索条件，并更改集的内容以反映此修改，还可以导出搜索集并重用。

（1）打开"集合"窗口。

（2）单击鼠标右键，在快捷菜单上选择"新建文件夹"选项，如图 4-22 所示，文件夹将添加到列表中。如果在单击鼠标右键时选定的项目是一个文件夹，则将在其中创建新文件夹，否则将在选定项目的上方添加文件夹。可以创建任意数量的文件夹。

（3）输入文件夹的名称，然后按 Enter 键。

（4）单击要添加到新文件夹的集。按住鼠标左键，然后将该集拖动到新建的文件夹处，松开鼠标左键以将该集放置到新建文件夹中。

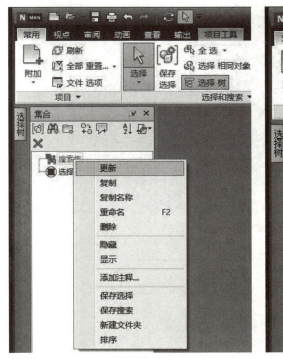

图 4-21　更新搜索集和选择集　　　　　　图 4-22　新建文件夹

三、比较对象

可以查找场景中任何两个选定项目之间的差异。这些项目可以是文件、图层、实例、组，或者仅是几何图形。还可以使用此功能调查同一模型的两个版本之间的差异。在比较过程中，Autodesk Navisworks Manage 从每个项目的级别开始，以递归方式向下遍历"选择树"上的每个路径，从而按照用户要求的条件比较它遇到的每个项目。比较完成后，可以在"场景视图"中高亮显示结果。

（1）在 Autodesk Navisworks Manage 中打开要比较的第一个文件。

（2）单击"常用"选项卡"项目"面板中的"附加"下拉菜单中的"附加"按钮，找到第二个文件，然后单击"打开"按钮，如图 4-23 所示。

（3）按住 Ctrl 键，选择这两个文件。

（4）单击"常用"选项卡"工具"面板中的"比较"按钮。

（5）在"比较"对话框的"查找以下方面的区别"选项组中，勾选所有必选的复选框，如图 4-24 所示。

（6）在"结果"选项组中，勾选用于控制比较结果的显示方式的复选框。

（7）单击"确定"按钮。

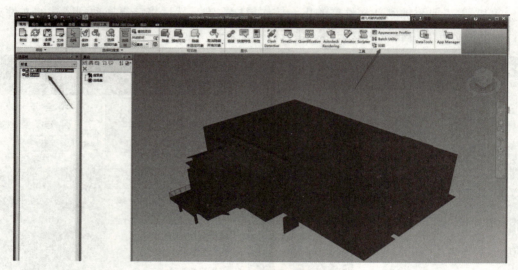

图 4-23　加载两文件并比较

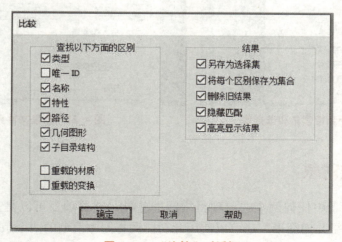

图 4-24　"比较"对话框

四、对象特性

在将对象特性引入 Autodesk Navisworks Manage 后，可以在"特性"窗口中检查这些特性。"特性"窗口是一个可固定窗口，其中包含专用于和当前选定对象关联的每个特性类别的选项卡，如图 4-25 所示。在默认情况下，不显示内部文件特性，如变换特性和几何图形特性。通过"选项编辑器"可以启用这些特性。

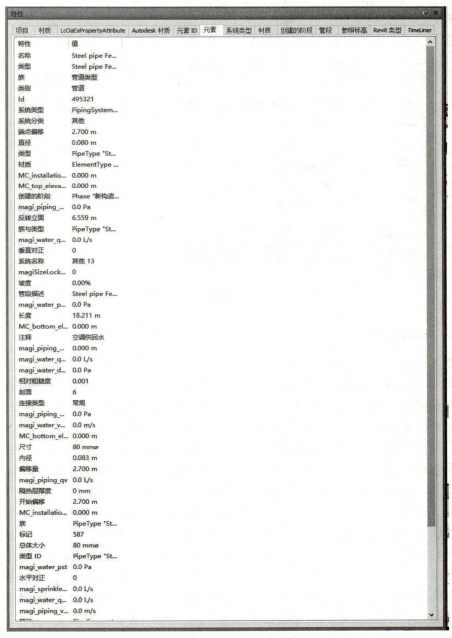

图 4-25 "特性"窗口

（一）自定义特性

无法编辑从 CAD 应用程序引入 Autodesk Navisworks Manage 的特性信息，但颜色、透明度和链接除外。然而，可以将自己的自定义信息添加到模型场景中的任何项目。添加自定义特性选项卡的步骤如下：

（1）打开"特性"窗口，如图 4-26 所示。

（2）在"场景视图"或"选择树"上选择所需要的对象。

（3）在"特性"窗口上单击鼠标右键，在快捷菜单中选择"添加新用户数据标签"命令，将为当前选定的对象添加新特性类别。在默认情况下，该选项卡名为"用户数据"。

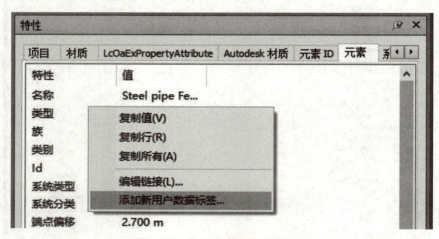

图 4-26 添加自定义特性选项卡

（二）外部数据库

数据库通常用于存储大量数据，如设备规格、目录数据和维护手册。可以直接从 Autodesk Navisworks Manage 文件链接到外部数据库，并在场景中的对象与数据库表中的字段之间创建链接以引入额外特性。支持具有合适 ODBC 驱动程序的任何数据库，但是模型中对象的特性必须包括数据库中数据的唯一标识符。例如，对于基于 AutoCAD 的文件，可以使用实体句柄。可以创建任意数量的数据库链接，但它们都应具有唯一名称。要使用数据库链接，首先需要将其激活。可以将数据库链接保存在 Autodesk Navisworks Manage 文件（NWF 和 NWD）内，还可以全局保存数据库链接，使它们在所有 Autodesk Navisworks Manage 任务中一直存在。全局链接信息保存在本地计算机上。如果在载入 NWF/NWD 文件时，关联的数据库可用，则选择对象后，链接将自动建立。在选择对象时，如果数据库可用，并且存在与对象关联的数据，则 Autodesk Navisworks Manage 会向"特性"窗口添加相应的数据库选项卡，并显示相应的数据。可以提取从数据库链接的数据，并将其作为静态数据嵌入到已发布的 NWD 文件中。它还可以包括在对象搜索中，与"Clash Detective"工具一起用作碰撞条件的一部分。可以导出数据库链接，并将其与其他用户共享。如果要将数据库链接添加到 Autodesk Navisworks Manage 文件，执行以下步骤：

（1）单击"常用"选项卡"项目"面板中的"文件选项"按钮。

（2）在"文件选项"对话框的"DataTools"选项卡中，单击"新建"按钮，如图4-27所示。

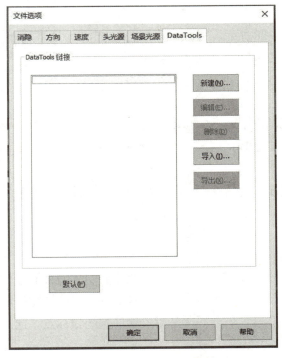

图 4-27　"文件选项"对话框

学习单元三　操作对象和标注标签

一、操作对象

在 Autodesk Navisworks Manage 中，可以控制对象的变换，还可以更改对象的外观。所有对象操作都是在"场景视图"中执行的。对对象属性进行的任何更改均视为全局性的，并可以与 Autodesk Navisworks Manage 文件一起保存。可以选择将对象属性重置回从原始 CAD 文件导入时所处的状态，可以暂时修改几何图形对象的位置、旋转、大小和外观，以便制作动画。这些更改不是全局性的，且仅可以保存（或捕捉）为动画关键帧。变换要变换对象，可以使用三个可视操作工具或小控件，从"项目工具"选项卡"变换"面板可访问这三个工具或小控件，还可以通过数值方式变换对象。要在操作对象时获得更清晰的对象视图，可以使用"选项编辑器"调整高亮显示当前选择的方式。

（一）小控件

（1）在"场景视图"中，选择要移动的对象。

（2）单击"项目工具"选项卡"变换"面板中的"移动"按钮，如图4-28所示。

（3）使用移动小控件调整当前选定对象的位置。

（二）替代变换

（1）在"场景视图"中选择要移动的对象。

（2）鼠标右键单击选择的对象→"替代项目"→"替代变换"。

（3）在"替代变换"对话框中，输入要应用于当前选定对象的变换的XYZ值。

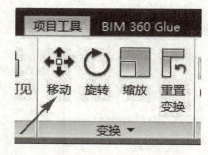

图4-28　"移动"按钮

（三）测量工具

（1）选择要移动的对象。

（2）单击"审阅"选项卡"测量"面板中的"测量"下拉菜单中的"点直线"按钮📏点直线。

（3）单击选定的对象以创建第一个点，这是将从其计算重新定位的起点。

（4）在场景中单击第二个点。这是对象移动到的目标点。此时，在"场景视图"中有一条连接起点和终点的线。

（5）如果要能够移动对象多次，在场景中创建多个点。注意：只能在场景中的其他对象上选择一个点。选择"空间"中的点不是一个有效的选项。要将对象重新定位到"空间"中，可以使用平移小控件，也可以通过替换其变换进行移动（如果用户知道移动对象的距离）。

（6）滑出"测量"面板，单击"变换选定项目"将对象移动到第二个点。如果场景中有多个点，则每次单击"变换对象"按钮时，选定的对象都将移动到下一个点，如图4-29所示。

（四）更改外观

对场景中的几何图形应用自定义颜色和透明度，还可以选择使用"Presenter"工具将纹理材质应用于场景中的对象，以获得更佳的效果。更改颜色的步骤如下：

（1）在"场景视图"中选择要修改的对象。

（2）单击"项目工具"选项卡"外观"面板中的"颜色"下拉按钮，选择所需要的颜色，如图4-30所示。

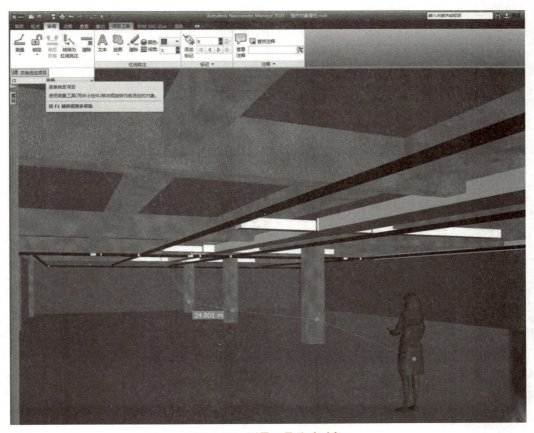

图 4-29　测量工具移动对象

图 4-30　更改颜色

（五）捕捉

在 Autodesk Navisworks Manage 中测量、移动、旋转和缩放对象时，通过捕捉可以进行控制。将自动捕捉到点和捕捉点，可以将光标设置为在拾取几何图形时捕捉到最近的顶点、边或线，还可以调整在旋转几何图形时所用的捕捉角度和捕捉公差，如图 4-31 所示。

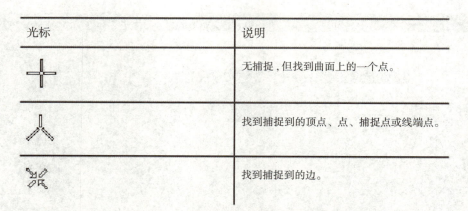

光标	说明
╀	无捕捉，但找到曲面上的一个点。
⅄	找到捕捉到的顶点、点、捕捉点或线端点。
⅍	找到捕捉到的边。

图 4-31 不同的光标反馈捕捉到的对象

自定义捕捉设置的步骤如下：

（1）单击应用程序按钮，在下拉列表中单击"选项"按钮。

（2）在"选项编辑器"中，展开"界面"，然后单击"捕捉"按钮，如图 4-32 所示。

（3）在"捕捉"页面的"拾取"选项组中，勾选所有必须捕捉的复选框，然后输入捕捉的"公差"，该值越小，光标离模型中的特征越近，只有这样才能捕捉到它。

（4）在"旋转"选项组中，在"角度"文本框中输入捕捉角度的倍数，并在"角度灵敏度"文本框中输入角度灵敏度，该值越小，光标离捕捉角度越近，只有这样才能使捕捉生效。

（5）单击"确定"按钮。

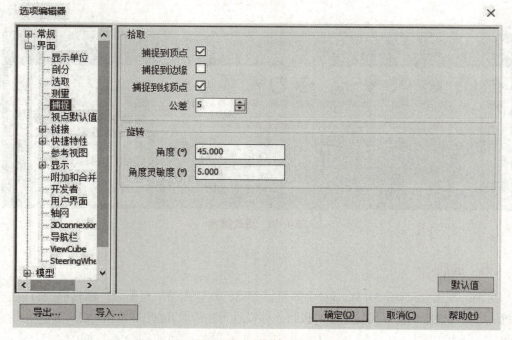

图 4-32 "捕捉"选项

二、标注标签

"测量工具"窗口是一个可固定的窗口，其顶部包含许多按钮，用于选择要执行的测量类型。对于所有测量，按钮下方的文本框中将显示"开始"和"结束"的 X、Y 和 Z 坐标，还显示差值和绝对距离。如果使用累加测量，如"点直线"或"累加"，则"距离"将显示在测量中记录的所有点的累加距离，如图 4-33 所示。

微课：标注标签 1

微课：标注标签2

单元练习资源包

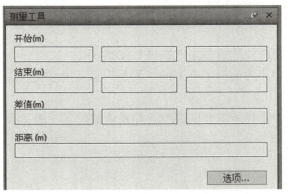

图 4-33 "测量工具"窗口

测量可以使用测量工具进行线性、角度和面积测量，以及自动测量两个选定对象之间的最短距离。在"场景视图"中，标准测量线的端点表示为小十字符号，所有线都由记录点之间的一条简单线测量。捕捉到中心线的测量线的端点表示为十字符号并带有 CL 标记。可以更改测量线的颜色和线宽，如图 4-34 所示，并打开 / 关闭"场景视图"中标注标签的显示。

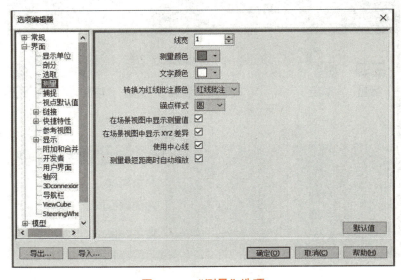

图 4-34 "测量"选项

对于距离的测量，为每个线段绘制标注标签。对于累加测量，为最后一条线段绘制标注标签，并显示总和，相当于线的中心点定位文字。对于角度测量，在夹角内显示一个弧形指示器，并将文字中心定位在二等分夹角的不可见线上。如果夹角太尖，则在夹角外部绘制标签。此标签是固定的，在放大或缩小时不调整大小，除非测量线在屏幕上变得太短而无法容纳圆弧，在这种情况下，将会调整标签。通过"选项编辑器"，可以启用和禁用标注标签。对于面积测量，在所测量的面积的中心定位标注标签。可以将测量转换为红线批注。将测量转换为红线批注时，将清除测量本身，而红线批注采用当前为红线批注设置的颜色和线宽。

（一）测量线

（1）打开"测量工具"窗口，然后单击"选项"按钮。

（2）在"选项编辑器"中"界面"节点下的"测量"页面中，在"线宽"文本框中输入所需要的数字。

（3）从"颜色"选项板中选择所需要的颜色。在默认情况下，测量线为白色。

（4）单击"确定"按钮。

（二）测量距离

（1）单击"审阅"选项卡"测量"面板中的"测量"下拉菜单中的"点到点"按钮，如图4-35所示。

（2）在"场景视图"中，单击要测量距离的起点和终点。可选标注标签显示测量的距离，如图4-36所示。

图4-35 "测量"下拉菜单

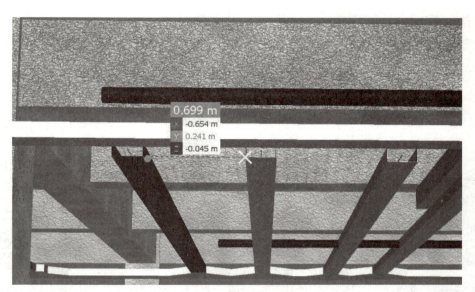

图4-36 测量两点间距离

（三）线夹角

（1）单击"审阅"选项卡"测量"面板中的"测量"下拉菜单中的"角度"按钮 △。

（2）单击第一条线上的点。

（3）单击第一条线与第二条线的交点。

（4）单击第二条线上的点，可选标注标签显示计算的两条线之间的角度，如图4-37所示。

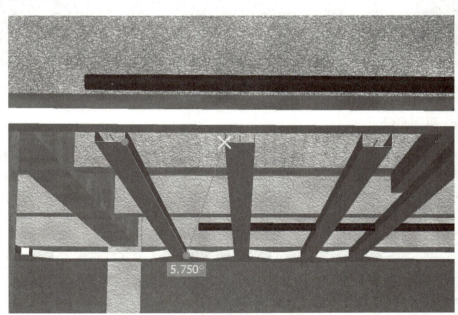

图4-37 测量两线间夹角

（四）多点测量

（1）单击"审阅"选项卡"测量"面板中的"测量"下拉菜单中的"累加"按钮 ≣。

（2）单击要测量的第一个距离的起点和终点。

（3）单击要测量的下一个距离的起点和终点。

（4）如果需要，请重复此操作以测量更多的距离。可选标注标签显示所有点到点测量的总和，如图 4-38 所示。

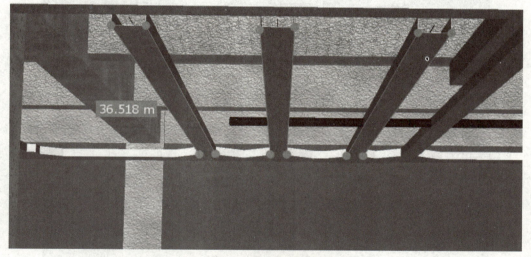

图 4-38　测量多点间距离总和

（五）平面面积

（1）单击"审阅"选项卡"测量"面板中的"测量"下拉菜单中的"面积"按钮 ◺。

（2）单击鼠标左键以记录一系列点，从而绘制要计算的面积的周界。可选的标注标签将显示自第一点起绘制的周界的面积，如投影到视点平面上那样，如图 4-39 所示。

（六）最短距离

（1）按住 Ctrl 键并使用"选择"工具，在"场景视图"中选择两个参数化对象。

（2）打开"测量工具"窗口，然后单击"选项"按钮。

（3）在"选项编辑器"中"界面"下的"测量"页面中，勾选"使用中心线"复选框，然后单击"确定"按钮，如图 4-40 所示。

图 4-39　测量面积

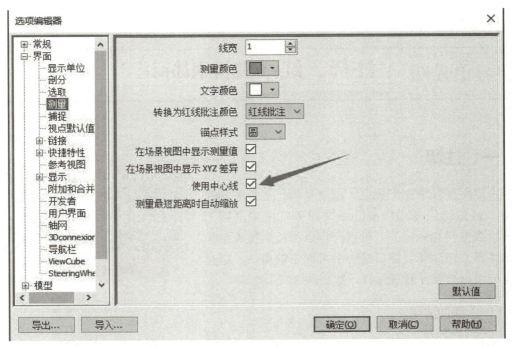

图 4-40　"使用中心线"选项

（4）单击"审阅"选项卡"测量"面板中的"测量最短距离"按钮。"距离"框和可选的标注标签将显示选定参数化对象的中心线之间的最短距离，如图 4-41 所示。

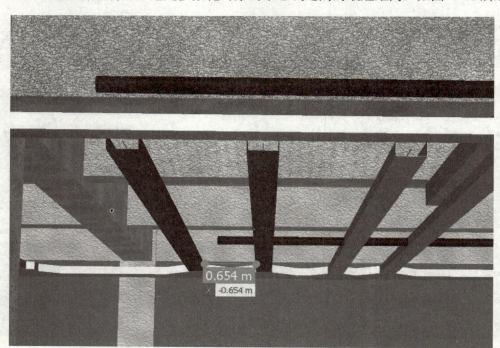

图 4-41　测量参数化对象最短距离

学习单元四　注释、红线批注和标记

一、注释

可以将注释添加到视点、视点动画、选择集和搜索集、碰撞结果及"TimeLiner"任务。使用审阅工具（红线批注和标记），可以向视点和碰撞检查结果添加注释。"注释"窗口是一个可固定的窗口，通过该窗口可以查看并管理注释，如图 4-42 所示。

单元练习资源包

视频：注释、红线批注和标记

（一）添加注释

（1）单击"视点"选项卡"保存、载入和回放"面板中的"保存的视点"工具启动器以打开"保存的视点"窗口。

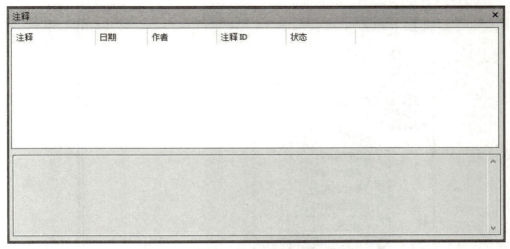

图 4-42　"注释"窗口

（2）在"保存的视点"窗口中，在所需要的视点上单击鼠标右键，在快捷菜单中选择"添加注释"选项，如图 4-43 所示。

（3）在"注释"窗口中，输入注释。在默认情况下，为其指定"新"状态。

（4）单击"确定"按钮。

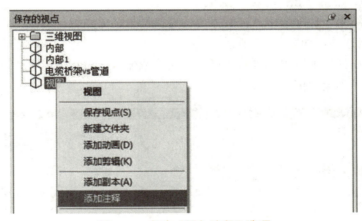

图 4-43　视点"添加注释"选项

（二）视点动画注释

（1）单击"视点"选项卡"保存、载入和回放"面板中的"保存的视点"工具启动器以打开"保存的视点"窗口。

（2）在"保存的视点"窗口中，在所需要的视点动画上单击鼠标右键，在快捷菜单中选择"添加注释"选项，如图 4-44 所示。

（3）在"注释"窗口中，输入注释。在默认情况下，为其指定"新"状态。

（4）单击"确定"按钮。

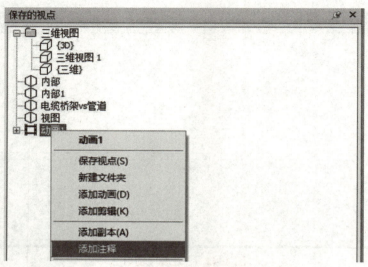

图 4-44　视点动画"添加注释"选项

（三）碰撞注释

（1）单击"常用"选项卡"工具"面板中的"Clash Detective"按钮，打开"Clash Detective"窗口，然后单击"结果"选项卡。

（2）在"结果"选项卡中，在所需要的碰撞结果上单击鼠标右键，在快捷菜单中选择"添加注释"选项，如图 4-45 所示。

（3）在"注释"窗口中，输入注释。在默认情况下，为其指定"新"状态。

（4）单击"确定"按钮。

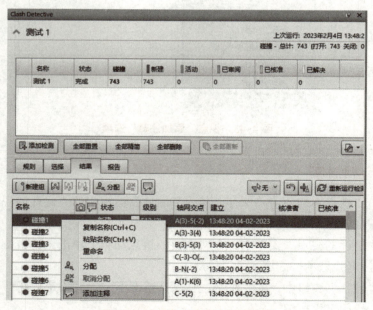

图 4-45　碰撞"添加注释"选项

（四）"TimeLiner"注释

（1）单击"常用"选项卡"工具"面板中的"TimeLiner"按钮，打开"TimeLiner"窗口。

（2）单击"任务"选项卡。

（3）在所需任务上单击鼠标右键，在快捷菜单中选择"添加注释"选项，如图 4-46 所示。

（4）在"注释"窗口中，输入注释。在默认情况下，为其指定"新"状态。

（5）单击"确定"按钮。

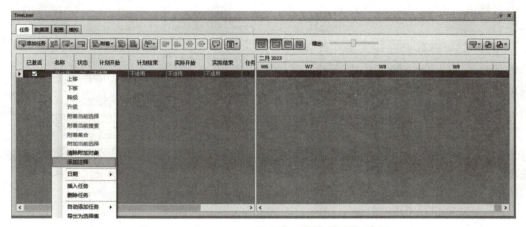

图 4-46 "TimeLiner"任务"添加注释"选项

二、红线批注工具

在"审阅"选项卡上的"红线批注"面板中，可使用红线批注注释来标记视点和碰撞结果。在经典用户界面中，可以使用"红线批注"工具可固定面板来添加红线批注和标记，如图 4-47 所示。

图 4-47 "红线批注工具"面板

通过"线宽"和"颜色"工具，可以修改红线批注设置。这些更改不影响已绘制的红线批注。另外，线宽仅适用于线，它不影响红线批注文字。红线批注文字具有默认的大小和线宽，不能进行修改。所有红线批注只能添加到已保存的视点或具有已保存视点的碰撞结果。如果没有任何已保存的视点，则添加标记将自动创建视点并进行保存。

（一）添加文字

（1）单击"视点"选项卡"保存、载入和回放"面板中的"保存的视点"下拉按钮，在下拉列表中选择要审阅的视点。

（2）单击"审阅"选项卡"红线批注"面板中的"文本"按钮Ａ。

（3）在"场景视图"中，单击要放置文字的位置。

（4）在提供的文本框中输入注释，然后单击"确定"按钮，红线批注将添加到选定的视点。

（5）如果要移动注释，请在红线批注上单击鼠标右键，在快捷菜单中选择"移动"选项。单击"场景视图"中的其他位置会将文字移到此相应的位置，如图 4-48 所示。

（6）如果要编辑注释，在红线批注上单击鼠标右键，在快捷菜单中选择"编辑"选项。

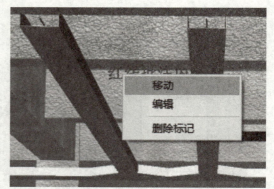

图 4-48　移动红线批注

（二）红线批注和标记

（1）单击"视点"选项卡"保存、载入和回放"面板中的"保存的视点"工具启动器。

（2）单击"保存的视点"窗口中所需要的视点，在"场景视图"中将显示所有附加的红线批注（如果有）。

（三）添加标记

（1）单击"审阅"选项卡"标记"面板中的"添加标记"按钮。

（2）在"场景视图"中，单击要标记的对象。

（3）单击希望标记标签所在的区域。此时会添加标记，且两点由引线连接。如果当前视点尚未保存，则将自动保存并命名为"Tag View X"，其中"X"是标记ID。

（4）在"添加注释"对话框中，输入要与标记关联的文字，从下拉列表中设置标记的"状态"，然后单击"确定"按钮，如图 4-49 所示。

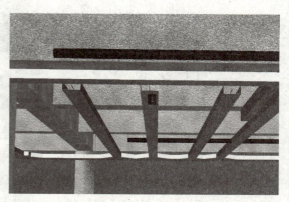

图 4-49　添加标记

（四）擦除批注

（1）单击"视点"选项卡"保存、载入和回放"面板中的"保存的视点"下拉按钮，在下拉列表中选择要审阅的视点。

（2）单击"审阅"选项卡"红线批注"面板中的"清除"按钮。

（3）在要删除的红线批注上拖动一个框，然后松开鼠标，如图 4-50 所示。

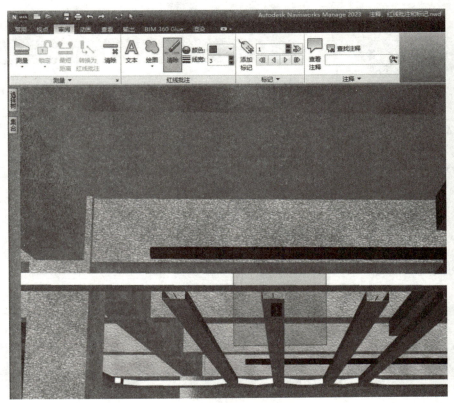

图 4-50　清除标记

（五）查找注释

可以使用"查找注释"窗口设置并运行搜索以查找标记和注释，还可以使用"标记"面板上的控件在标记之间导航。

可以根据"文本""作者""ID"来设置搜索条件。按"查找"按钮，可运行搜索。找到的所有结果将在窗口底部以分列的表格显示。可以使用选项卡右侧和底部的滚动条浏览注释。表格中会显示不同的图标，以帮助用户快速确定每个注释的源。这些图标与在"注释"窗口中使用的图标相同。在列表中选择注释，也会选择该注释的源。快速查找注释的步骤如下：

（1）在"审阅"选项卡"注释"面板中的"快速查找注释"文本框中，输入要在所有注释中搜索的字符串，可以是一个词或几个词。

（2）单击"快速查找注释"按钮，打开"查找注释"窗口，显示与输入的文字匹配的所有注释的列表，如图 4-51 所示。

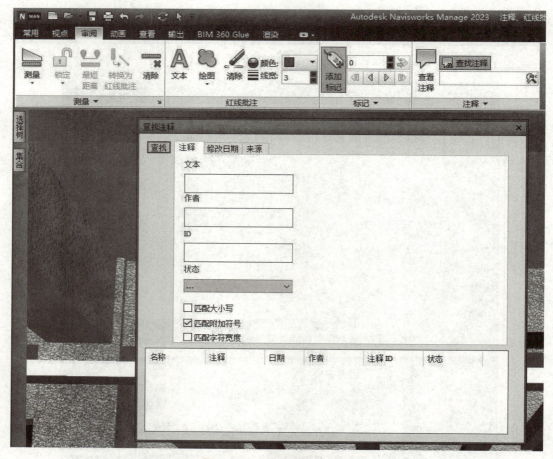

图 4-51 "查找注释"窗口

可以使用与搜索注释相同的方法搜索标记，还可以按其 ID 编号查找标记，并使用"标记"面板上的控件在标记之间导航。按标记 ID 查找标记的步骤为：在"审阅"选项卡"标记"面板输入框中输入标记 ID，然后单击"转至标记"按钮，如图 4-52 所示。

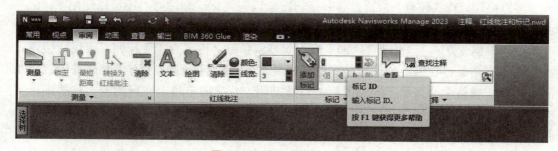

图 4-52 输入查找标记 ID

学习单元五 外观配置

一、快捷特性

可以在"场景视图"中打开和关闭快捷特性。Autodesk Navisworks Manage 会记住任务之间选定的可见性设置。

单元练习资源包   视频：外观配置

打开"快捷特性"时，在"场景视图"中的对象上移动光标，可以在工具提示样式窗口中查看特性信息。用户无须首先选择对象。快捷特性工具提示会在几秒后消失，如图 4-53 所示。

图 4-53 场景中"快捷特性"显示

在默认情况下，快捷特性显示对象的名称和类型，但是可以使用"选项编辑器"定义显示特性。通过配置的每个定义，可以在快捷特性中显示其他类别 / 特性组合，也可以选择是否在快捷特性中隐藏类别名称。

（1）单击"应用程序"按钮，在下拉列表中单击"选项"按钮。

（2）在"选项编辑器"对话框"界面"节点下的"快捷特性"下，单击"定义"按钮，如图 4-54 所示。

（3）在"定义"页面上，单击"网格视图"将快捷特性定义显示为表行。

071

（4）单击"添加元素"按钮，在表的顶部将添加一个新行。

（5）单击"类别"后的下拉按钮，在下拉列表中选择特性类别，如"项目"。可用选项取决于模型中的特性类别。

（6）单击"特性"后的下拉按钮，在下拉列表中选择特性名称，如"材质"。可用选项取决于选定的特性类别。

（7）单击"确定"按钮，如图 4-55 所示。

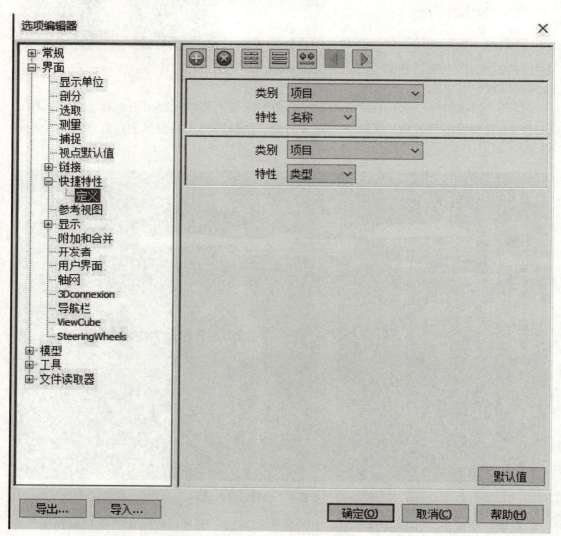

图 4-54　"快捷特性 – 定义"选项

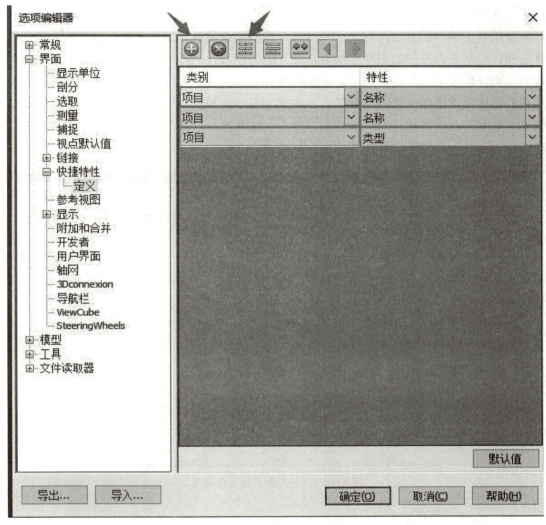

图 4-55　添加快捷特性条

二、外观配置器

通过"外观配置器"可以基于集合（搜索集和选择集）及特性值设置自定义外观配置文件，然后使用这些配置文件对模型中的对象进行颜色编码，以区分系统类型并直观识别其状态。外观配置文件可以另存为 DAT 文件，并可以在 Autodesk Navisworks Manage 用户之间共享。外观配置器用于定义对象选择标准和外观设置，如图 4-56 所示。可以基于特性值或 Autodesk Navisworks Manage 文件中的搜索集和选择集来选择对象。使用特性值会更灵活一些，因为搜索集和选择集需要先添加到模型中，且经常设计为涵盖模型的某个特定区域（标高、楼层、区域等）。例如，如果模型具有五个楼层，要通过集合找到所有"冷水"对象，需要设置五个"冷水"选择器，每个楼层对应一个选择器。如果使用基于特性的方法，则一个"冷水"选择器就足够，因为搜索会包含该模型的所有方面，包括来自外部数据库（如果存在）的额外特性，外观配置文件可拥有的选择器数量没有任何限制。但是，选择器在配置文件中的顺序非常重要。外观选择器将按从上至下的顺序依次应用于模型。如果某对象属于多个选择器，则每次列表中的新选择器处理该对象时，都会替代该对象的外观。目前，选择器一旦添加到列表中，就无法更改其顺序。

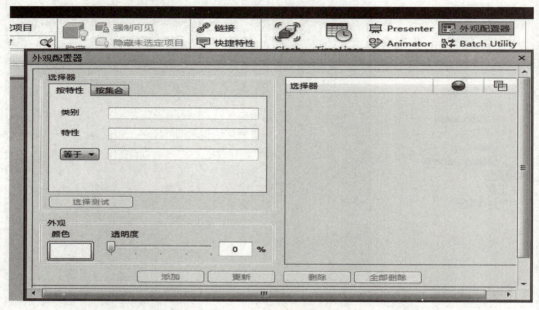

图 4-56　"外观配置器"对话框

（1）打开"外观配置器"对话框。

（2）在"选择器"选项组中单击"按特性"选项卡。

（3）使用所提供的字段为选择器配置对象选择标准。

（4）单击"选择测试"，所有符合标准的对象都将在"场景视图"中处于选定状态。

（5）如果对结果满意，使用"外观"选项组为选择器配置颜色和透明度替代。

（6）单击"添加"按钮，该选择器将添加到"选择器"列表中。

（7）重复执行步骤（3）～（6），直到添加完所有必需的选择器。列表中的选择器顺序十分重要。提示：如果使用第一个选择器来替代整个模型的颜色，使其以 80% 的透明度灰显，则其他颜色替代将更加醒目。

（8）单击"运行"按钮，模型中的对象此时已完成颜色编码，如图 4-57 所示。

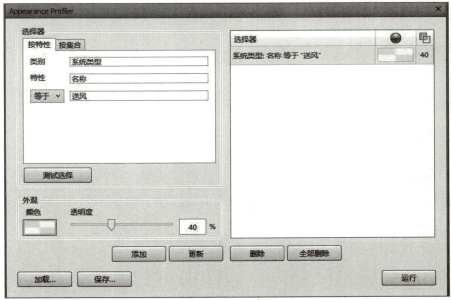

图 4-57　按特性值进行颜色编码

课后延学

一、任务实施

1. 打开课后资源包中的"选择背景效果 .nwd"文件，创建"单色""渐变""地平线"三种背景。

2. 打开课后资源包中的"选择对象 .nwd"文件，将项目类型标记为"隐藏"（灰色）、"取消隐藏"（暗蓝色）或"必需"（红色），

课后资源包

将选择工具拾取半径设置成 5，将自定义对象的高亮显示设置为黄色。

3. 打开课后资源包中的"查找对象.nwd"文件，定义搜索语句，搜索包含"铬"特性的"材质"，利用"快速查找"功能，搜索项目特性中"不锈钢"特性材质。

二、评价标准

1. 创建"单色"背景（10分），创建"渐变"背景（10分），创建"地平线"背景（10分）。

2. 项目类型标记为"隐藏"（灰色）（10分），标记为"取消隐藏"（暗蓝色）（10分）、标记为"必需"（红色）（10分）。

3. 搜索出"铬"特性"材质"（20分），"快速查找"出"不锈钢"特性材质（20分）。

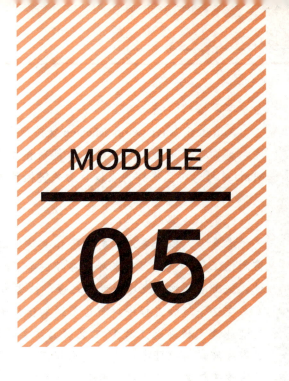

MODULE
05

学习模块五

:::· 使用视点和剖分模式及录制播放动画 ·:::

知识目标：
1. 掌握视点的保存、载入和回放相关理论。
2. 掌握剖面的编辑与使用方法。
3. 掌握视点动画的创建与编辑方法。

能力目标：
1. 能够完成视点的保存、载入和回放等操作。
2. 能够使用剖面工具剖分模型。
3. 能够创建和编辑简单的视点动画。

素养目标：
1. 践行工匠精神，探寻精益求精、追求极致的理想目标。
2. 在公平和平等的基础上做出决定。
3. 认识并尊重他人与自己不同的信仰、观点与思想。

Autodesk Navisworks Manage 支持视点的保存、载入与回放等功能，方便对模型的审阅。剖面工具用于剖切模型，方便对模型内部的导航及视点设置。Autodesk Navisworks Manage 可以将已保存视点设置为关键帧形成视点动画，用于漫游审阅。

课前小故事

港珠澳大桥是粤港澳首次合作共建的超大型跨海交通工程，其中岛隧工程是大桥的控制性工程，也是目前世界上在建的最长公路沉管隧道。该工程采用世界最高标准，设计、施工难度和挑战均为世界之最，被誉为"超级工程"。

在这个超级工程中，有位普通的钳工大显身手，成为明星工人。他就是管延安，中交港珠澳大桥岛隧工程 V 工区航修队首席钳工。经他安装的沉管设备，已成功完成 18 次海底隧道对接任务，无一次出现问题。接缝处间隙误差达到了"零误差"标准。因为操作技艺精湛，管延安被誉为中国"深海钳工"第一人。

零误差来自近乎苛刻的认真。管延安有两个多年养成的习惯。一是给每台修过的机器、每个修过的零件做笔记，将每个细节详细记录在个人的"修理日志"上，遇到什么情况、怎么样处理都"记录在案"。从入行到现在，他已记录了厚厚四大本，闲暇时他都会拿出来温故知新。二是在送走维修后的机器前，他都会检查至少三遍。正是这种追求极致的态度，不厌其烦地重复检查、练习，使管延安练就了精湛的操作技艺。

课前引导问题

引导问题 1：通过课前小故事，讲述管延安如何成为"深海钳工"第一人。

_____

_____

引导问题 2：本模块知识点对应《"1+X"建筑信息模型（BIM）职业技能等级证书考评大纲》及人社部"建筑信息模型技术员"国家职业技能标准中哪些技能点？

_____

_____

引导问题 3：如何进行视点的保存、载入和回放操作？

_____

_____

引导问题 4：如何进行剖面的编辑以及使用剖面功能实现需表达部位的展示？

_____

_____

学习单元一　创建和修改视点

一、视点概述

视点是为"场景视图"中显示的模型创建的快照。重要的是，视点并非仅可用于保存关于模型的视图的信息。例如，可以使用红线批注和注释对它们进行注释，从而使用户能够将视点用作设计审阅核查踪迹。视点还可以用作"场景视图"中的链接，

单元练习资源包

微课：创建和修改视点

这样，在视点上单击及缩放到视点时，Autodesk Navisworks Manage 还会显示与其相关联的红线批注和注释。视点、红线批注和注释都保存在 Autodesk Navisworks Manage 的 NWF 文件中，且与模型几何图形无关。因此，更改原生 CAD 文件时，保存的视点保持不变，看起来像是模型几何图形基础图层上的覆盖层。

二、视点编辑

（一）视点窗口

"保存的视点"窗口是一个可固定窗口，通过该窗口可以创建和管理模型的不同视图，以便用户可以跳转到预设视点，而无须每次都通过导航到达项目。另外，视点动画还与视点一起保存，因为它们只是一个被视为关键帧的视点列表。实际上，只需要将预设视点拖动到空的视点动画即可创建视点动画。可以使用文件夹组织视点和视点动画，如图 5-1 所示。

图 5-1　"保存的视点"窗口

可以通过以下方法选择多个视点：一是按住 Ctrl 键并单击鼠标左键；二是单击第一个项目后，按住 Shift 键的同时单击最后一个项目。可以围绕"保存的视点"窗口拖动视点，并将它们重新组织到文件夹或动画中。在"视点"窗口，可以保存和更新视点、创建和管理视点动画，以及创建文件夹来组织这些视点和视点动画，还可以将视点或视点动画拖放到视点动画或文件夹中。在执行该操作的过程中，按住 Ctrl 键将复制所拖动的元素。这样，便可以轻松制作非常复杂的视点动画和文件夹层次结构。视点、文件夹和视点动画都可以通过缓慢单击元素或单击元素并按 F2 键进行重命名。

打开 / 关闭"保存的视点"窗口的步骤：单击"视点"选项卡"保存、载入和回放"面板中的"保存的视点"工具启动器，如图 5-2 所示。

（二）保存视点

将新视点命名为"ViewX"，其中"X"是添加到列表的下一个可用编号。该新视点采用"场景视图"中当前视点的所有属性。

保存视点的步骤如下：

（1）单击"视点"选项卡"保存、载入和回放"面板中"保存视点"下拉菜单中的"保存视点"按钮。"保存的视点"窗口现在处于焦点上，并会添加新视点，如图 5-3 所示。

图 5-2　已保存视点列表

图 5-3　"保存视点"按钮

（2）在"保存的视点"窗口中为视点输入新名称，然后按 Enter 键。

重新调用视点，返回到以前保存的任何视点。重新调用视点时，将重新选择在创建视点时处于活动状态的导航模式。还将恢复与视点关联的所有红线批注和注释。

从功能区重新调用视点的步骤：单击"视点"选项卡"保存、载入和回放"面板中当前视点下拉按钮，从下拉列表中选择保存的视点，如图 5-4 所示。

图 5-4 已保存视点选择

（三）编辑视点

根据使用的是二维工作空间还是三维工作空间，可以编辑以下全部或部分视点属性，包括相机位置、视野、运动速度和保存的属性。

编辑当前视点的步骤如下：

（1）单击"视点"选项卡"保存、载入和回放"面板中的"编辑当前视点"按钮，如图 5-5 所示。

（2）在"编辑视点 – 当前视图"对话框中调整视点的属性。

（3）单击"确定"按钮，如图 5-6 所示。

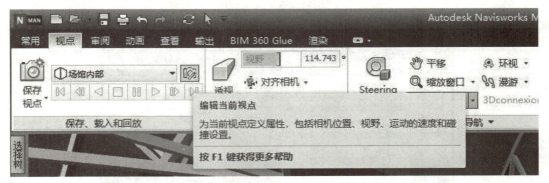

图 5-5 "编辑当前视点"按钮

编辑视点的步骤如下：

（1）单击"视点"选项卡"保存、载入和回放"面板当前视点下拉菜单中的"管理保存的视点"按钮，如图 5-7 所示。

（2）在"保存的视点"窗口中，在需要修改的视点上单击鼠标右键，在快捷菜单中选择"编辑"选项，如图 5-8 所示。

（3）在"编辑视点—当前视图"对话框调整视点的属性。

（4）单击"确定"按钮。

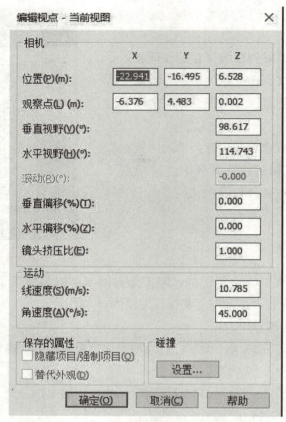

图 5-6　"编辑视点 – 当前视图"对话框

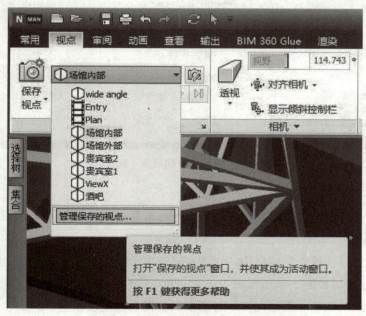

图 5-7　"管理保存的视点"按钮

图 5-8 视点"编辑"按钮

三、视点选项

在默认情况下，视点属性不会与新保存的视点存储在一起。如果确实要在默认情况下保存视点属性，则可以在"选项编辑器"中对此进行设置。默认碰撞设置也可以与视点一起保存，包括是否启用碰撞、重力、蹲伏和第三人视图。这些设置仅用于三维工作空间。通过以与编辑视图属性相同的方式编辑视点，可以将该视点设置为保存其中任意一设置。默认情况下，将禁用所有碰撞设置。如果要保存首选的默认碰撞设置，可使用"选项编辑器"选项。

（一）视图属性

（1）单击应用程序按钮，在下拉列表中单击"选项"按钮。

（2）在"选项编辑器"对话框中，展开"界面"选项，选择"视点默认值"选项。

（3）如果要将隐藏项目和强制项目与保存的视点一起保存，勾选"保存隐藏项目/强制项目属性"复选框。这意味着当返回到这些视点时，保存该视点时隐藏的项目将再次隐藏，而那些已绘制的项目将再次被绘制。在默认情况下，该复选框处于清除状态，这是因为将该状态信息与每个视点保存在一起需要大量的内存。

（4）如果要将材质重叠项与保存的视点保存在一起，勾选"替代外观"复选框。这意味着当返回到这些视点时，在保存视点时设置的材质重叠项将被再次使用。默认情况下，该复选框处于清除状态，这是因为将状态信息与每个视点保存在一起需要较多数量的内存。

（5）勾选"替代线速度"复选框，能够设置一个特定速度以在载入模型时进行导航。如果不勾选该复选框，则导航线速度将与载入模型的大小直接相关。

（6）"默认角速度"选项可以设置为每秒的任意角度数。这将影响相机旋转的速度。

（7）单击"确定"按钮，如图 5-9 所示。

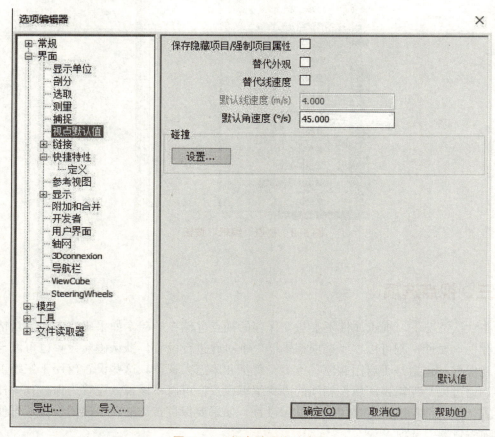

图 5-9　"视点默认值"选项

（二）碰撞选项

（1）单击应用程序按钮，在下拉列表中单击"选项"按钮。

（2）在"选项编辑器"对话框中，展开"界面"选项，然后单击"视点默认值"选项。

（3）在"视点默认值"页面上，单击"设置"按钮。

（4）在"默认碰撞"对话框中，选择希望 Autodesk Navisworks Manage 在初始化时使用的默认选项，如图 5-10 所示。

（5）单击"取消"按钮，返回"选项编辑器"对话框。

（6）单击"确定"按钮以保存更改。

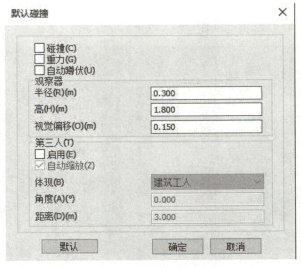

图 5-10　"默认碰撞"对话框

学习单元二　剖分

使用 Autodesk Navisworks Manage，可以在三维工作空间中为当前视点启用剖分，并创建模型的横截面。剖分功能不适用于二维图纸。横截面是三维对象切除的视图，可用于查看三维对象的内部。单击"视点"选项卡"剖分"面板中的"启用剖分"按钮，可为当前视点启用和禁用剖分，如图 5-11 所示。打开剖分时，会在功能区上自动显示剖分工具上下文选项卡。

单元练习资源包

微课：剖分

"剖分工具"上下文选项卡"模式"面板中有"平面"和"框"两种剖分模式。

图 5-11　"启用部分"按钮

使用"平面"模式最多可以在任何平面中生成六个剖面，同时仍能够在场景中导航，从而使用户无须隐藏任何项目即可查看模型内部。在默认情况下，剖面是通过模型可见区域的中心创建的。剖面存储在视点内部，因此，它们也可以在视点动画和对象动画内使用，以显示动态剖分的模型，如图5-12所示。

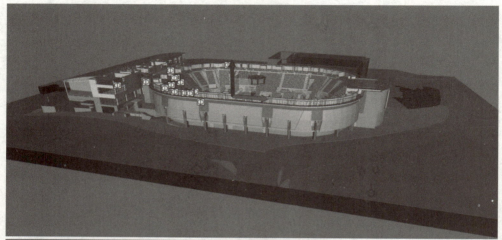

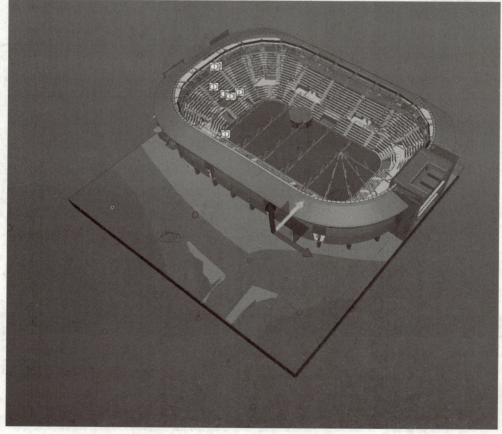

图 5-12　模型剖面显示

一、剖面启用

要查看模型的横剖面，可以启用最多六个剖面。启用平面时，意味着它会影响场景。当前平面是在"场景视图"中以可视方式渲染的平面。将某个平面选择为当前平面时，会自动启用该平面，第一次启用某个剖面时，会使用默认的对齐方式和位置创建它。之后，启用剖面会还原保存的对齐方式、位置和旋转。默认情况下，剖面是在视图内创建的，且尽可能靠近视图的中心。直观上，剖面是由一个浅蓝色线框代表的。通过打开/关闭相应的小控件按钮，可以隐藏可视平面表示。

（一）横截面

（1）单击"视点"选项卡"剖分"面板中的"启用剖分"按钮。

（2）根据需要拖动小控件以定位当前平面。

（3）可选：单击"剖分工具"上下文选项卡"保存"面板中的"保存视点"按钮，以保存当前剖分的视点，如图5-13所示。

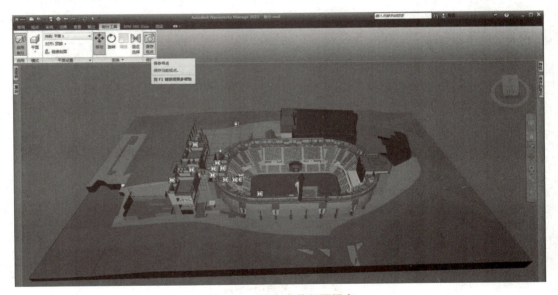

图 5-13　保存当前剖面视点

（二）剖面

（1）单击"剖分工具"上下文选项卡"模式"面板中的"平面"按钮。

（2）单击"平面设置"面板中的"当前：平面"下拉按钮，在下拉列表中选择需要成为当前平面的平面，如图5-14所示。

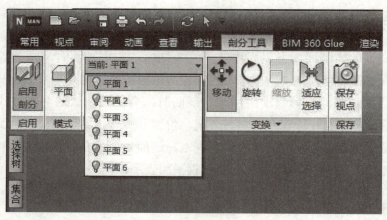

图 5-14　"当前：平面"下拉列表

（三）剖面启用与禁用

（1）单击"剖分工具"上下文选项卡"模式"面板中的"平面"按钮。

（2）单击"平面设置"面板中的"当前：平面"下拉按钮，在下拉列表中单击所有需要的平面旁的灯泡图标。灯泡被点亮时，会启用相应的剖面并穿过"场景视图"中的模型，如图 5-15 所示。

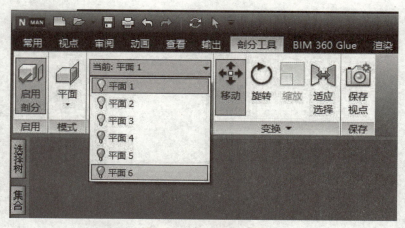

图 5-15　开启相应剖面

二、剖面编辑

（一）对齐剖面

默认情况下，会将剖面映射到六个主要方向之一。

将剖面与预先固定的方向之一对齐的步骤如下：

（1）单击"剖分工具"上下文选项卡"模式"面板中的"平面"按钮。

（2）单击"平面设置"面板中的"当前：平面"下拉按钮，在下拉列表中选择需要自定义的平面。

（3）单击"平面设置"面板中的"对齐"下拉按钮，在下拉列表中选择六个预先固定的方向之一，如图 5-16 所示。

（4）单击"剖分工具"上下文选项卡"保存"面板中的"保存视点"按钮，以保存当前剖分的视点。

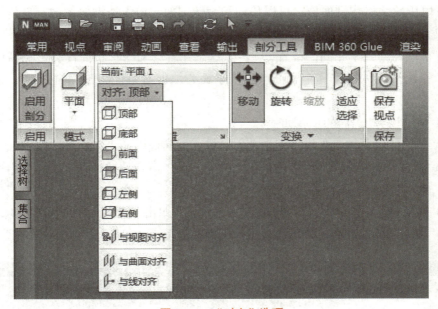

图 5-16　"对齐"选项

将剖面与线对齐的步骤如下：

（1）单击"剖分工具"上下文选项卡"模式"面板中的"平面"按钮。

（2）单击"平面设置"面板中的"当前：平面"下拉按钮，在下拉列表中选择需要自定义的平面。

（3）单击"平面设置"面板中的"对齐"下拉按钮，在下拉列表中单击"与线对齐"按钮。光标形状变为目标。

（4）在"场景视图"中，单击要与之对齐的线上的某个位置。Autodesk Navisworks Manage 将更新剖面的位置和对齐方式，以便将它放置在单击的点上，如图 5-17 所示。

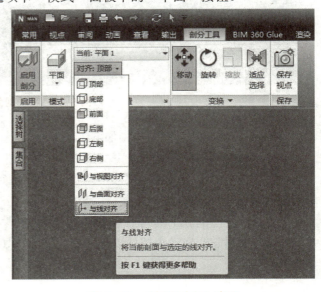

图 5-17　"与线对齐"选项

（5）可选：单击"剖分工具"上下文选项卡"保存"面板中的"保存视点"按钮以保存当前剖分的视点。

（二）移动和旋转剖面

可以使用"剖分工具"上下文选项卡"变换"面板中的剖分小控件对剖面进行操作，也可以用数字操作剖面框。可以移动和旋转剖面，但无法缩放剖面。默认情况下，使剖面成为当前剖面时，会使用移动小控件，除非已在激活剖面之前选择了旋转小控件。所有小控件会共享相同的位置/旋转。这意味着移动一个小控件会影响其他小控件的位置。一次仅可以操作一个平面（当前平面），但有可能将剖面链接到一起以形成截面。

使用小控件移动剖面的步骤如下：

（1）单击"剖分工具"上下文选项卡"模式"面板中的"平面"按钮。

（2）单击"平面设置"面板中的"当前：平面"下拉按钮，在下拉列表中选择需要使用的平面，此平面会成为当前平面。

（3）如果移动小控件在"场景视图"中不可见，单击"变换"面板中的"移动"按钮。

（4）根据需要拖动小控件以移动当前平面，如图 5-18 所示。

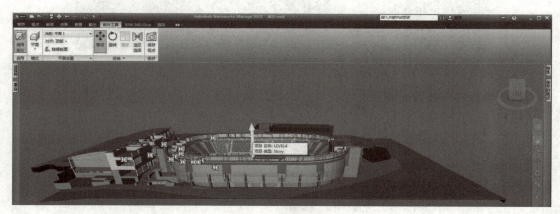

图 5-18　移动剖面

使用小控件旋转剖面的步骤如下：

（1）单击"剖分工具"上下文选项卡"模式"面板中的"平面"按钮。

（2）单击"平面设置"面板中的"当前：平面"下拉按钮，在下拉列表中选择需要使用的平面。

（3）单击"剖分工具"上下文选项卡"变换"面板中的"旋转"按钮。

（4）根据需要拖动小控件以旋转当前平面，如图 5-19 所示。

图 5-19 旋转剖面

（三）链接剖面

在 Autodesk Navisworks Manage 中，最多可以使 6 个平面穿过模型，但只有当前平面可以使用剖分小控件进行操作。

将剖面链接到一起可以使它们作为一个整体移动，并使用户能够实时快速切割模型。可以在视点、视点动画和对象动画中使用截面。

将平面链接到一起的步骤如下：

（1）单击"剖分工具"上下文选项卡"模式"面板中的"平面"按钮。

（2）单击"平面设置"面板中的"当前：平面"下拉按钮，在下拉列表中单击所有需要的平面旁的灯泡图标，启用需要的平面。灯泡被点亮时，会启用相应的剖面并穿过"场景视图"中的模型。

（3）单击"平面设置"面板中的"链接剖面"按钮。现在会将所有启用的平面链接到一个截面中，如图 5-20 所示。

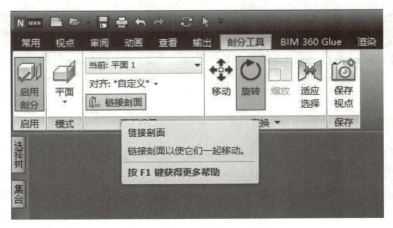

图 5-20 "链接剖面"按钮

（4）如果"场景视图"中未显示移动小控件，单击"变换"面板中的"移动"按钮，如图 5-21 所示。

（5）拖动小控件以移动当前剖面。现在可以一起移动所有剖面，从而有效地在模型中创建一个截面。

（6）可选：单击"剖分工具"上下文选项卡"保存"面板中的"保存视点"按钮，以保存当前剖分的视点，如图 5-22 所示。

图 5-21　移动调整剖面

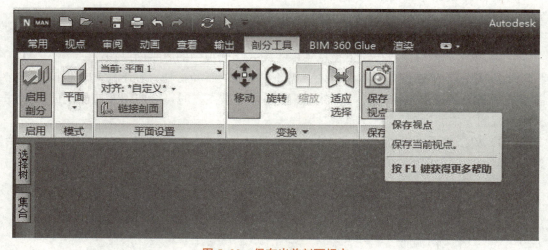

图 5-22　保存当前剖面视点

（四）启用和使用剖面框

可以使用剖面框，以便将审阅集中于模型的特定区域和有限区域。使用"剖分工具"选项卡"变换"面板中的剖分小控件来移动、旋转和缩放剖面框，也可以使用数字操作剖面框。默认情况下，启用剖面框时，会使用移动小控件，除非已在激活剖面框之前选择了一个不同的小控件。所有小控件会共享相同的位置 / 旋转。这意味着移动一个小控件会影响其他小控件的位置。第一次创建剖面框时，框的默认大小取决于当前视点的范围。创建该框以填充视图，这样不会将框的任何部分绘制到屏幕之外。之后，启用剖面框会还原保存的位置、旋转和所使用的比例信息。

第一次使用框创建三维模型的横截面的步骤如下：

（1）单击"视点"选项卡"剖分"面板中的"启用剖分"按钮。Autodesk Navisworks Manage 将切换至"剖分工具"上下文选项卡，并在"场景视图"中绘制通过模型的剖面。

（2）单击"剖分工具"上下文选项卡"模式"面板中的"框"按钮。框现在是以可视方式在屏幕上显示的，默认情况下会启用移动小控件。

（3）拖动小控件会沿着轴创建模型的剖面框。

（4）可选：单击"剖分工具"上下文选项卡"保存"面板中的"保存视点"按钮，以保存当前剖分的视点，如图 5-23 所示。

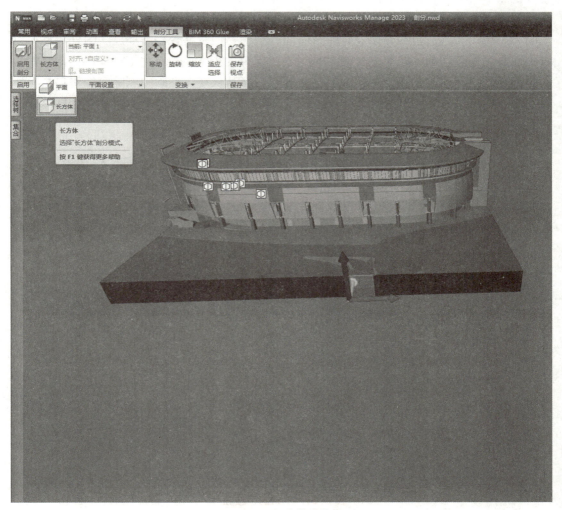

图 5-23　剖分模式选择

在 Autodesk Navisworks Manage 中创建视点动画有两种方法。可以简单地录制实时动画，也可以组合特定视点，以便 Autodesk Navisworks Manage 稍后插入到视点动画中。视点动画是通过"动画"选项卡和"保存的视点"窗口控制的。值得注意的是，可以隐藏视点中的项目、替代颜色和透明度及设置多个剖面，视点动画支持所有这些操作。这样，便可以轻松地创建强大的视点动画。录制视点动画后，可以对其进行编辑以设置持续时间、平滑类型及是否循环播放。另外，还可以自由地复制视点动画（按住 Ctrl 键的同时在"保存的视点"窗口中拖动动画），将帧从动画拖动到"保存的视点"窗口中的空白区域以将其从视点动画中删除，编辑单个帧属性，插入剪辑或将其他视点或视点动画拖动到现有视点或视点动画中，以继续设计动画。

单元练习资源包

视频：创建和编辑视点动画

（一）视点动画

（1）单击"动画"选项卡"创建"面板中的"录制"按钮，如图 5-24 所示。

（2）在 Autodesk Navisworks Manage 录制移动的同时，在"场景视图"中进行导航。甚至在导航过程中可以在模型中移动剖面，此移动也会被录制到视点动画中。

（3）在导航过程中的任意时刻，单击"动画"选项卡"录制"面板中的"暂停"按钮。

（4）单击"动画"选项卡"录制"面板中的"停止"按钮。

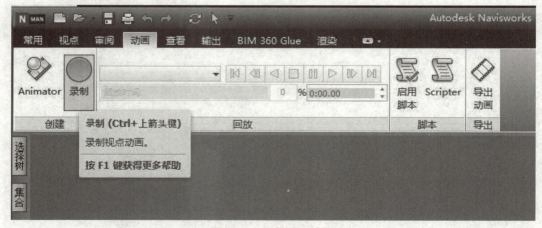

图 5-24　"录制"按钮

（二）逐帧动画

如有必要，请显示"保存的视点"窗口（单击"视图"选项卡"工作空间"面板中的"窗口"下拉按钮，在下拉列表中单击"保存的视点"按钮）。

（1）在"保存的视点"窗口上单击鼠标右键，在下拉列表中选择"添加动画"选项。将创建新的视点动画称为"AnimationX"，其中"X"是最新的可用数字。此时可以对该名称进行编辑。因为新的视点动画是空的，所以它旁边将没有加号，如图5-25所示。

（2）在打算添加到动画中的模型中，导航到某个位置，然后在新位置另存为一个视点（在"保存的视点"窗口上单击鼠标右键，在下拉列表中选择"保存视点"选项）。根据需要重复此步骤，每个视点将变成动画的一个帧。帧越多，视点动画将越平滑，并且可预测性越高。

（3）创建所有所需的视点后，将其拖动到刚刚创建的空视点动画中。可以逐个拖动它们，也可以按 Ctrl 和 Shift 键选择多个视点，然后一次拖动多个视点。如果将视点拖动到视点动画图标本身中，这些视点将在动画结束时成为帧，但可以在扩展动画的任何位置上拖动视点，以将其放到所需的位置。

（4）此时，可以使用"动画"选项卡"回放"面板中的"动画位置"滑块在视点动画中向后和向前移动，以查看它的外观。

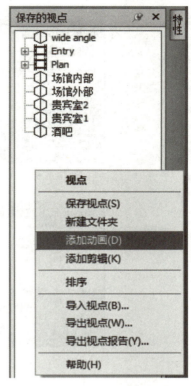

图 5-25　对视点添加动画

（5）可以编辑视点动画内部的任何视点，也可以添加更多的视点、删除视点、移动视点，添加切割和编辑动画本身，直到获得满意的视点动画。

（6）创建多个视点动画后，可以将其拖放到主视点动画，以制作更复杂的动画组合，就像将视点作为帧拖放到动画中一样。

（三）动画播放

（1）在"动画"选项卡"回放"面板的下拉列表中选择要回放的动画，如图5-26所示。

（2）在"回放"面板中，单击"播放"按钮，如图5-27所示。

使用"回放"面板上的 VCR 按钮控制动画。使用"回放位置"滑块可以在动画中快速向前和向后移动。最左侧为开头，最右侧为结尾。在"回放位置"滑块的右侧，有两个动画进度指示器，即百分比和时间（以秒为单位）。可以在每个框中输入一个数字将相机设定在某个点处。

（3）对于视点动画，读者可能会注意到，在播放动画时，会高亮显示"保存的视点"窗口（单击"视图"选项卡"工作空间"面板中的"窗口"下拉按钮，在下拉列表中单击"保存的视点"按钮）中动画的帧。单击任何帧以将相机设置为视点动画中的该时间点，并继续从此处进行播放。

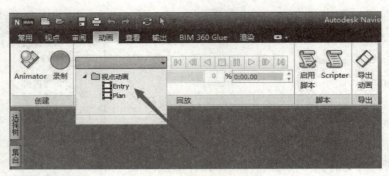

图 5-26 选择已生成动画

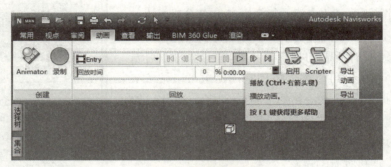

图 5-27 播放选定动画

课后延学

一、任务实施

1. 打开课后资源包中的"创建和修改视点 .nwd"文件，创建"场馆内部"视点、"场馆外部"视点、"贵宾室 1"视点、"贵宾室 2"视点、"酒吧"视点，同时进行隐藏项目和强制项目与保存的视点一起保存操作。

课后资源包

2. 打开课后资源包中的"剖分 .nwd"文件，分别创建"平面 1""平面 2""平面 3""平面 4"共四个剖分平面，每个平面采用"顶部""底部""前面""后面"四种方式中的一种进行剖分。

3. 打开课后资源包中的"创建和编辑视点动画 .nwd"文件，创建场馆内及场馆外视点动画，时长不少于 1 min。

二、评价标准

1. 创建"场馆内部"视点（5 分），创建"场馆外部"视点（5 分），创建"贵宾室 1"视点（5 分），创建"贵宾室 2"视点（5 分），创建"酒吧"视点（5 分），隐藏项目和强制项目与保存的视点一起保存（15 分）。

2. 创建"平面 1"（5 分），创建"平面 2"（5 分），创建"平面 3"（5 分），创建"平面 4"（5 分）。

3. 创建"场馆内视点"动画（20 分），创建"场馆外视点"动画（20 分）。

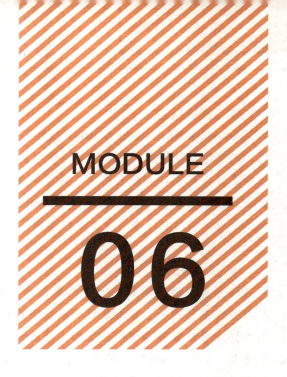

MODULE
06

学习模块六

动画对象

知识目标：

1. 掌握相机、动画集、剖面集、关键帧的功能。

2. 熟悉创建模型动画并与其进行交互的方法。

3. 了解如何为动画集创建动画关键帧列表。

能力目标：

1. 能够通过修改几何图形的位置、旋转、大小和外观来操作几何
   图形对象。

2. 能够通过使用不同的导航工具来操作视点。

3. 能够通过移动剖面或剖面框来操作模型的横断面切割。

素养目标：

1. 具备职业忠诚度中宣传、留下及付出的三个能力。

2. 通过组内成员合作完成任务，培养学生团队协作能力。

3. 通过引导学生自主分析问题、解决问题，提升学生的主动和持
   续学习能力。

学习模块概述

Autodesk Navisworks Manage 提供了 Animator 动画功能，用于在场景中制作如开门、汽车运动等场景动画，增强场景浏览的真实性。Autodesk Navisworks Manage 提供了包括图元、剖面、相机在内的 3 种不同类型的动画形式，用于实现如对象移动、对象旋转、视点位置变化等动画表现。在 Autodesk Navisworks Manage 中，每个图元均可以添加多个不同的动画，多个动画最终形成完整的动画集。

课前小故事

职业忠诚要求职业工作者热爱自己所从事的工作和所献身的事业，竭诚地为之奋斗，并将自己的一生与所从事的事业联系起来，在事业的成功中实现人生的价值。全球人力资源管理服务和咨询公司翰威特的研究指出，职业忠诚可以分为三个层次：第一层次是乐于宣传（Say），即员工经常会对同事、可能加入企业的人员、目前的与潜在的客户说组织的好话；第二层次是乐意留下（Stay），即具有留在组织内的强烈欲望；第三层次是全力付出（Strive），即员工不但全心全力地投入工作，并且愿意付出额外的努力促使企业成功。职业忠诚集中表现为人们对事业和工作的爱。劳动与工作是人类社会产生和发展的前提条件，也是每个有劳动能力的普通公民的基本义务，还是一切财富的源泉。

课前引导问题

引导问题 1：通过课前小故事，阐述职业忠诚分为哪三个层次。

_____

_____

引导问题 2：本模块知识点对应《"1+X"建筑信息模型（BIM）职业技能等级证书考评大纲》及人社部"建筑信息模型技术员"国家职业技能标准中哪些技能点？

_____

_____

引导问题 3：相机、动画集、剖面集、关键帧都能实现哪些功能？

_____

_____

引导问题 4：如何修改几何图形的位置、旋转、大小和外观来操作几何图形对象？

_____

_____

学习单元一　Animator 工具概述

一、"Animator"窗口

（一）创建动画

操作办法：单击"动画"选项卡"创建"面板中的"动画制作工具"按钮。

"Animator"树视图在分层的列表视图中列出所有场景和场景组件，使用它可以创建并管理动画场景。分层列表可以使用"Animator"树视图创建并管理动画场景。场景树以分层结构显示场景组件，如动画集、相机和剖面。要处理树视图中的项目，必须先选择它。在树视图中选择一个场景组件，则会在"场景视图"中选择该组件中包含的所有元素。通过拖动树视图中的项目可以快速复制并移动这些项目。要执行此操作，单击要复制或移动的项目，按住鼠标右键并将该项目拖动到所需要的位置。当鼠标光标变为箭头时，松开鼠标右键会显示快捷菜单。根据需要单击"在此处复制"或"在此处移动"按钮。

单元练习资源包

（二）时间轴视图

时间轴视图显示了包含场景中动画集、相机和剖面的关键帧的时间轴。使用它可以显示和编辑动画。时间轴视图的顶部是以秒为单位表示的时间刻度条。所有时间轴均从 0 开始。在时间刻度条上单击鼠标右键打开快捷菜单。使用"Animator"树视图下方的缩放图标可以对时间刻度条进行放大和缩小。默认时间刻度在标准屏幕分辨率上显示大约 10 s 的动画，放大和缩小操作的效果是使可见区域变为原来的两倍或一半。

二、关键帧

关键帧在时间轴中显示为黑色菱形，可以通过在时间轴视图中向左或向右拖动黑色菱形来更改关键帧出现的时间，如图 6-1 所示。随着关键帧的拖动，其颜色会从黑色变为浅灰色。在关键帧上单击鼠标左键会将时间滑块移动到该位置；在关键帧上单击鼠标右键会打开快捷菜单。

三、动画条

彩色动画条用于在时间轴中显示关键帧，并且无法编辑。每个动画类型都使用不同颜色的动画条显示，场景动画条为灰色，如图 6-2 所示。通常情况下，动画条以最后一个关键帧结尾。如果动画条在最后一个关键帧之后逐渐褪色，则表示动画将无限期播放。

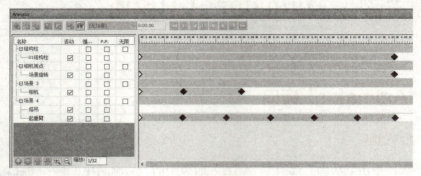

图 6-1 关键帧

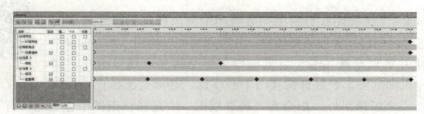

图 6-2 动画条

学习单元二　创建对象动画

动画是一个经过准备的模型更改序列。可以在 Autodesk Navisworks Manage 中做出的更改：通过修改几何图形对象的位置、旋转、大小和外观来操作几何图形对象，此类更改称为动画集；通过使用不同的导航工具或使用现有的视点动画来操作视点，此类更改称为相机；通过移动剖面或剖面框来操作模型的横断面切割，此类更改称为剖面集。

"Animator" 窗口是一个浮动窗口，通过该窗口可以将动画添加到模型中，如图 6-3 所示。

微课：创建对象
动画 1

微课：创建对象
动画 2

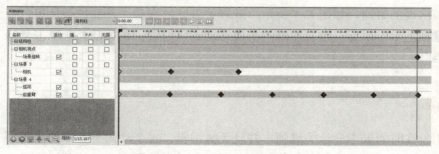

图 6-3 "Animator" 窗口

一、动画场景使用

场景充当对象动画的容器。每个场景可以包含下列组件：一个或多个动画集、一个相机动画、一个剖面集动画。可以将这些场景和场景组件分组到文件夹中。场景除可以轻松打开或关闭文件夹的内容以节省时间外，对播放不会产生任何效果。

单元练习资源包

微课：创建对象
动画3

（一）动画场景

（1）如果"Animator"窗口尚未打开，单击"动画"选项卡"创建"面板中的"Animator"按钮，如图 6-4 所示。

（2）在"Animator"树视图中单击鼠标右键，选择快捷菜单上的"添加场景"命令，如图 6-5 所示。

（3）单击默认场景名称，然后输入一个新名称。

微课：创建对象
动画4

微课：创建对象
动画5

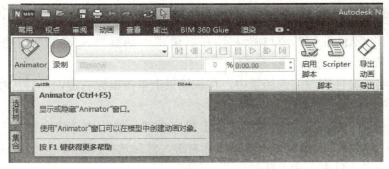

图 6-4　动画制作工具

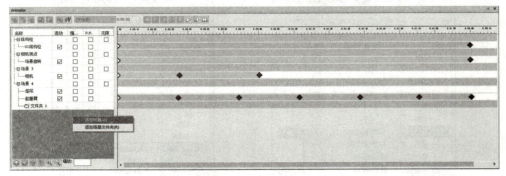

图 6-5　添加场景

（二）场景文件

（1）如果"Animator"窗口尚未打开，单击"动画"选项卡"创建"面板中的"Animator"按钮。

（2）在"Animator"树视图中单击鼠标右键，然后选择快捷菜单上的"添加场景文件夹"命令，如图6-6所示。

（3）单击默认文件夹名称，然后输入一个新名称。

（4）选择要添加到新文件夹的场景。按住鼠标左键，然后将鼠标拖动到文件夹名称。当鼠标光标变为箭头时，松开鼠标左键，将场景拖动到该文件夹中。

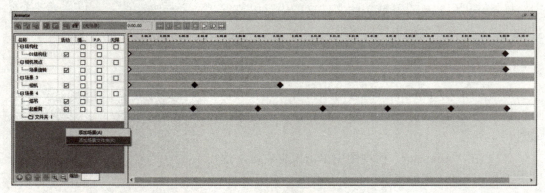

图6-6 添加场景文件夹

（三）场景组织

（1）如果"Animator"窗口尚未打开，单击"动画"选项卡"创建"面板中的"Animator"按钮。

（2）若将子文件夹添加到场景中，在该场景上单击鼠标右键，然后选择快捷菜单上的"添加文件夹"命令，如图6-7所示。

（3）若移动子文件夹，则在其上单击鼠标右键，然后选择快捷菜单上的"剪切"命令，如图6-8所示。在新位置上单击鼠标右键，然后选择快捷菜单上的"粘贴"命令。

（4）重命名文件夹，输入新名称。

图6-7 添加文件夹

图6-8 剪切文件夹

二、动画集使用

动画集包含要为其创建动画的几何图形对象的列表，以及描述如何为其创建动画的关键帧的列表。场景可以包含所需数量的动画集，还可以在同一场景的不同动画集中包含相同的几何图形对象。场景中的动画集的顺序很重要，当在多个动画集中使用同一对象时，可以使用该顺序控制最终对象的位置。动画集可以基于"场景视图"中的"当前选择"，也可以基于当前选择集或当前搜索集。添加基于选择集的动画集时，动画集的内容会随着源选择集的内容更改自动更新；添加基于搜索集的动画集时，动画集的内容会随着模型更改而更新以包含搜索集中的所有内容。

（一）常规添加对象方式

（1）如果"Animator"窗口尚未打开，单击"动画"选项卡"创建"面板中的"Animator"按钮。

（2）在"场景视图"中或从"选择树"中选择所需要的几何图形对象。

（3）在场景名称上单击鼠标右键，然后选择快捷菜单上的"添加动画集"→"从当前选择"命令，如图 6-9 所示。

（4）如果需要，请为新动画集键入一个名称，然后按 Enter 键。

（二）集合添加对象方式

（1）如果"Animator"窗口尚未打开，单击"动画"选项卡"创建"面板中的"Animator"按钮。

（2）从"集合"窗口中选择所需要的搜索集或选择集。

（3）在场景名称上单击鼠标右键，然后选择快捷菜单上的"添加动画集"→"从当前搜索 / 选择集"命令。

（4）如果需要，为新动画集重新名称，然后按 Enter 键。

可以手动更新动画集，即在"场景视图"或当前选择集 / 当前搜索集中修改当前选择，并更改动画集的内容以反映此修改。

（三）更新动画集

（1）如果"Animator"窗口尚未打开，单击"动画"选项卡"创建"面板中的"Animator"按钮。

（2）从"集合"窗口中选择所需要的搜索集或选择集，如图 6-10 所示。

（3）在场景名称上单击鼠标右键，然后选择快捷菜单上的"更新动画集"→"从当前搜索 / 选择集"命令。

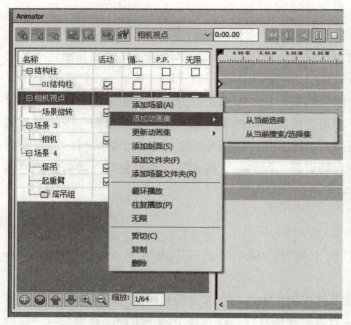

图 6-9　添加动画集

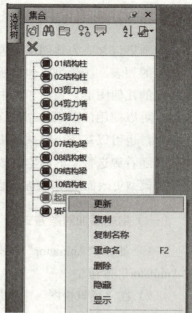

图 6-10　集合窗口

三、相机

相机包含视点列表及描述视点移动方式的关键帧可选列表。如果未定义相机关键帧，则该场景会使用"场景视图"中的当前视图。如果定义了单个关键帧，相机会移动到该视点，然后在场景中始终保持静态。最后，如果定义了多个关键帧，则将相应地创建相机动画。可以添加空白相机，然后操作视点，也可以将现有的视点动画直接复制到相机中。

（一）空白相机

（1）如果"Animator"窗口尚未打开，单击"动画"选项卡"创建"面板中的"Animator"按钮。

（2）在所需要的场景名称上单击鼠标右键，然后选择快捷菜单上的"添加相机"→"空白相机"选项，如图 6-11 所示。现在便可以捕捉相机视点了。

（二）相机视点

（1）如果"Animator"窗口尚未打开，单击"动画"选项卡"创建"面板中的"Animator"按钮。

（2）在"Animator"树视图中选择所需要的相机，如图 6-12 所示。

（3）单击"Animator"工具栏中的"捕捉关键帧"按钮，使用当前视点创建关键帧。

（4）在时间轴视图中，向右移动黑色时间滑块，以设置所需要的时间，如图 6-13 所示。

（5）使用导航栏上的按钮更改当前视点，或从"视点"控制栏上选择某个已保存的视点。

（6）要捕捉关键帧中的当前对象更改，单击"Animator"工具栏中的"捕捉关键帧"按钮。

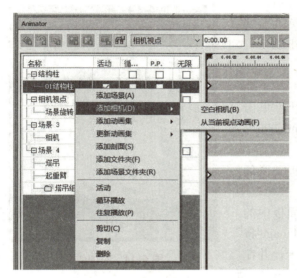

图 6-11　添加空白相机

图 6-12　选择相机

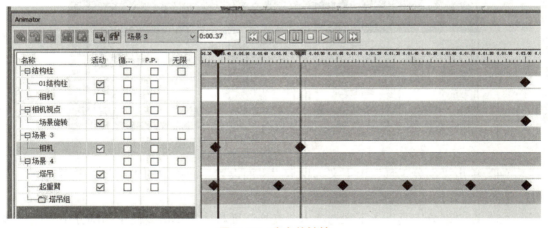

图 6-13　确定关键帧

四、剖面集

剖面集包含模型的横断面切割列表，以及用于描述横断面切割如何移动的关键帧列表。

（一）剖面集

（1）如果"Animator"窗口尚未打开，单击"动画"选项卡"创建"面板中的"Animator"按钮。

（2）在所需要的场景名称上单击鼠标右键，然后单击快捷菜单上的"添加剖面"按钮，如图6-14所示。现在便可以捕捉横断面切割了。

（二）横断面

（1）如果"Animator"窗口尚未打开，单击"动画"选项卡"创建"面板中的"Animator"按钮。

（2）在"Animator"树视图中选择所需要的剖面集。

（3）单击"视点"选项卡"剖分"面板中的"启用剖分"按钮。Autodesk Navisworks Manage 将打开功能区上的"剖分工具"上下文选项卡，并在"场景视图"中绘制通过模型的剖面，如图6-15所示。

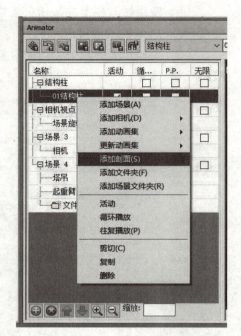

图6-14 添加剖面

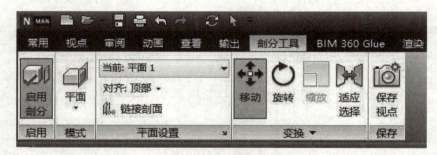

图6-15 剖分工具

（4）单击"剖分工具"上下文选项卡"平面设置"面板中的"当前：平面"下拉按钮，在下拉列表中选择需要操作的平面。

（5）在"剖分工具"上下文选项卡"变换"面板中，单击要使用的剖分小控件（移动或旋转）。默认情况下，会使用移动小控件。拖动小控件以调整平面在"场景视图"中的初始位置。

（6）单击"Animator"工具栏中的"捕捉关键帧"按钮，使用剖面的初始位置创建关键帧，如图6-16所示。

（7）在时间轴视图中，向右移动黑色时间滑块，以设置所需要的时间。

（8）再次使用小控件调整横断面切割的深度。

（9）要捕捉关键帧中的当前平面更改，单击"Animator"工具栏中的"捕捉关键帧"按钮。

图 6-16　捕捉关键帧

五、关键帧

（一）捕捉关键帧

通过单击"Animator"工具栏中的"捕捉关键帧"可以创建新关键帧。单击该按钮时，Autodesk Navisworks Manage 会在黑色时间滑块的当前位置添加当前选定动画集、相机或剖面集的关键帧。从概念上讲，关键帧表示上一个关键帧的相对平移、旋转和缩放操作。对于第一个关键帧而言，则是指模型的开始位置。

关键帧彼此相对并且相对于模型的开始位置。这意味着如果在场景中移动对象，将相对于新开始位置而不是动画的原始开始位置创建动画。平移、缩放和旋转操作是累积的。这意味着如果特定对象同时位于两个动画集中，则将执行这两个操作集。因此，如果两者均通过 X 轴平移，对象移动的距离将为原来的两倍。

如果动画集、相机或剖面集时间轴的开头没有关键帧，则时间轴的开头将类似于隐藏的关键帧。因此，假设有一个几秒的关键帧，并且该关键帧启用了"插值"选项，则在开头的几秒，对象将在其默认开始位置和第一个关键帧中定义的位置之间插值。

（二）编辑关键帧

可以为动画集、相机和剖面集编辑捕捉的关键帧。

编辑关键帧的步骤如下：

（1）如果"Animator"窗口尚未打开，单击"动画"选项卡"创建"面板中的"Animator"按钮。

（2）在时间轴视图中的所需关键帧上单击鼠标右键，然后选择快捷菜单上的"编辑"选项，如图 6-17 所示。

（3）使用"编辑关键帧"对话框调整动画，如图 6-18 所示。

（4）单击"确定"按钮保存更改，或单击"取消"按钮退出该对话框。

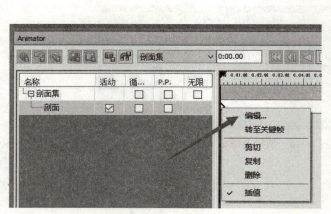

图 6-17　选择编辑关键帧　　　　　　　图 6-18　"编辑关键帧"对话框

六、动画场景

（一）"Animator"窗口

（1）如果"Animator"窗口尚未打开，单击"动画"选项卡"创建"面板中的"Animator"按钮。

（2）从"场景选择器"下拉列表中，选择要在"Animator"树视图中播放的场景。

（3）单击"动画制作工具"工具栏上的"播放"按钮，如图 6-19 所示。

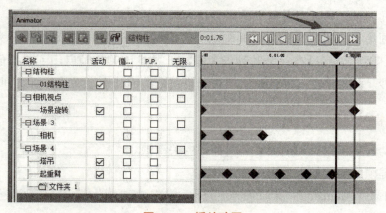

图 6-19　播放动画

（二）调整场景

（1）如果"Animator"窗口尚未打开，单击"动画"选项卡"创建"面板中的"Animator"按钮。

（2）在"Animator"树视图中选择所需的场景。

（3）使用"循环播放""P.P."和"无限"功能可以调整场景播放的方式，如图6-20所示。

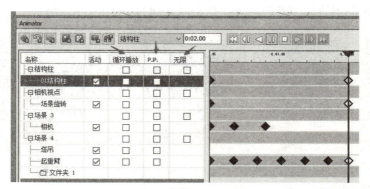

图 6-20　播放方式复选框

1）如果希望场景连续播放，勾选"循环播放"下的复选框。当动画结束时，它将重置到开头并再次运行。

2）如果希望场景往复播放，勾选"P.P."下的复选框。当动画结束时，它将反向运行，直到到达开头。除非还勾选了"循环播放"下的复选框，否则该播放仅发生一次。

3）如果希望场景无限期播放（即在单击"停止"前一直播放），勾选"无限"下的复选框。如果取消勾选该复选框，场景将一直播放到结束为止。注意：勾选"无限"复选框会禁用"循环播放"和"P.P."。

（4）如有必要，勾选"活动""循环播放"和"P.P."下的复选框调整单个场景组件的播放。

学习单元三　添加交互性

"Scripter"窗口是一个浮动窗口，通过该窗口可以对模型中的对象动画添加交互性。

操作步骤：单击"动画"选项卡"脚本"面板中的"Scripter"（动画互动工具）按钮，如图6-21所示。

图 6-21　"Scripter"按钮

脚本是在满足特定事件条件时发生的动作的集合。要给模型添加交互性，至少需要创建一个动画脚本。每个脚本可以包含一个或多个事件、一个或多个动作。模型可以包含所需数量的脚本，但仅执行活动脚本。可以将脚本分组到文件夹中，除可以轻松激活 / 取消激活文件夹的内容以节省时间外，这对脚本执行不会产生任何效果。

单元练习资源包

微课：添加交互性1

微课：添加交互性2

微课：添加交互性3

微课：添加交互性4

一、添加脚本

　　（1）如果"Scripter"窗口尚未打开，单击"动画"选项卡"脚本"面板中的"Scripter"按钮。

　　（2）在脚本视图中单击鼠标右键，然后选择"添加新脚本"命令，如图6-22所示。

　　（3）单击默认脚本名称，然后输入一个新名称。

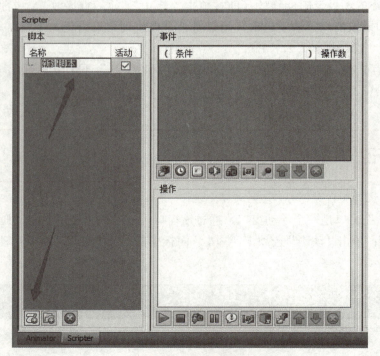

图6-22　添加新脚本

　　事件是指发生的操作或情况（如单击鼠标、按键或碰撞），可确定脚本是否运行。

脚本可包含多个事件，在脚本中组合所有事件条件的方式变得非常重要，即用户需要确保布尔逻辑有意义、括号正确匹配成对等。

可以使用一个简单的布尔逻辑组合事件。若创建事件条件，可以使用括号和 AND/OR 运算符的组合。通过在事件上单击鼠标右键并从快捷菜单中选择选项，可以添加括号和逻辑运算符，也可以单击"事件"视图中的相应字段并在下拉列表中选择所需要的选项，如图 6-23 所示。

二、添加事件

（1）如果"Scripter"窗口尚未打开，单击"动画"选项卡"脚本"面板中的"Scripter"按钮。

（2）在树视图中选择所需要的脚本。

（3）单击"事件"视图底部所需要的事件图标。例如，单击以创建一个"启用开始"事件。

（4）在"特性"视图中查看事件特性。

动作是一个活动（如播放或停止动画、显示视点等），当脚本由一个事件或一组事件触发时，则会执行它。脚本可包含多个动作。动作逐个执行，因此确保动作顺序正确很重要，如图 6-24 所示。

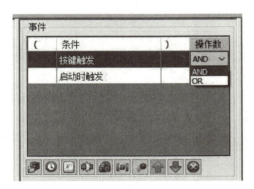

图 6-23　"事件"视图

图 6-24　使用动作

三、添加动作

（1）如果"Scripter"窗口尚未打开，单击"动画"选项卡"脚本"面板中的"Scripter"按钮。

（2）在树视图中选择所需的脚本。

（3）单击"动作"视图底部所需的动作图标。例如，单击以添加"播放动画"动作。

（4）在"特性"视图中查看动作特性。

课后延学

一、任务实施

1. 创建课后资源包中的"7-1.nwd"项目文件人物的移动动画。

2. 创建课后资源包中的"7-2.nwd"项目文件门的旋转动画。

3. 创建课后资源包中的"7-3.nwd"项目文件柱子的缩放动画。

课后资源包

二、评价标准

1. 能够准确选取对象（2分），能够准确命名场景名称（2分），掌握动画集的添加（3分），可以定义关键帧（2分），能够移动人物至所需位置（5分），能够实现动画往复播放（3分），能够进行关键帧编辑（13分）。

2. 能够准确选取对象（5分），能够使用复制、粘贴方式命名场景名称（3分），掌握以当前选择方式添加动画集（7分），可以定义关键帧（5分），能够旋转门至打开位置（10分），能够定义播放时间（5分）。

3. 能够通过集合方式进行对象选择（15分），能够针对动画集赋予缩放功能（10分），可以实现柱子由底部向上生长的动画（10分）。

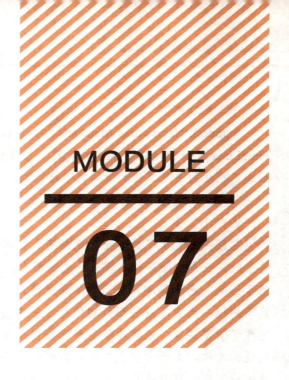

MODULE
07

学习模块七

::· **BIM 四维模拟施工进度** ·::

知识目标：

1. 熟知 TimeLiner 的作用及设置。

2. 掌握 TimeLiner 任务的添加操作。

3. 掌握项目文件导入、四维模拟及动画的操作。

能力目标：

1. 能够进行 TimeLiner 的参数设置。

2. 能够完成项目进度模拟。

素养目标：

1. 具有爱家爱国情感，能够努力提升思想道德和政治觉悟。

2. 做到运用批判策略和创造策略，从多方面考虑问题。

3. 做到依据所选择的标准作出判断或决策。

学习模块概述

Autodesk Navisworks Manage 内置 TimeLiner 工具，主要用于施工进度模拟。TimeLiner 支持创建或导入进度计划，并将模拟结果与对象动画、Clash Detective 链接，形成可视化的进度模拟和时间的碰撞检测。

课前小故事

屈原一生经历了楚威王、楚怀王、楚顷襄王三个时期，而主要活动于楚怀王时期。这个时期正是中国即将实现大一统的前夕，"横则秦帝，纵则楚王"。屈原出身贵族，又明于治乱，娴于辞令，故而早年深受楚怀王的宠信，位为左徒、三闾大夫。屈原为实现楚国的统一大业，对内积极辅佐楚怀王变法图强，对外坚决主张联齐抗秦，使楚国一度出现了国富兵强、威震诸侯的局面。但是在内政外交上屈原与楚国腐朽贵族集团发生了尖锐的矛盾，由于上官大夫等人的嫉妒，屈原后来遭到群小的诬陷和楚怀王的疏远。他被流放江南，辗转流离于沅、湘二水之间。楚顷襄王二十一年，秦将白起攻破郢都，屈原悲愤难捱，遂自沉汨罗江，以身殉国。

课前引导问题

引导问题 1：通过课前小故事，阐述屈原所具备的家国情怀精神。

_____

_____

引导问题 2：本模块知识点对应《"1+X"建筑信息模型（BIM）职业技能等级证书考评大纲》及人社部"建筑信息模型技术员"国家职业技能标准中哪些技能点？

_____

_____

引导问题 3：TimeLiner 包含哪些参数？

_____

_____

引导问题 4：项目进度模拟可链接哪些过程文件？

_____

_____

学习单元一　"TimeLiner" 工具概述

"TimeLiner"工具可以向 Autodesk Navisworks Manage 中添加四维进度模拟。"TimeLiner"从各种来源导入进度。接着可以使用模型中的对象链接进度中的任务以创建四维模拟。这使用户能够看到进度在模型上的效果，并将计划日期与实际日期相比较。"TimeLiner"还能够基于模拟的结果导出图像和动画。如果模型或进度更改，"TimeLiner"将自动更新模拟。可以将"TimeLiner"功能与其他

单元练习资源包

Autodesk Navisworks Manage 工具结合使用。通过将"TimeLiner"和对象动画链接在一起，可以根据项目任务的开始时间和持续时间触发对象移动并安排其进度，且可以帮助用户进行工作空间和过程规划。将"TimeLiner"和"Clash Detective"链接在一起，可以对项目进行基于时间的碰撞检查。将"TimeLiner"、对象动画和"Clash Detective"链接在一起，可以对完全动画化的"TimeLiner"进度进行碰撞检测。因此，假设要确保正在移动的起重机不会与工作小组碰撞，可以运行一个"Clash Detective"测试，而不必以可视方式检查"TimeLiner"序列。

学习单元二　"TimeLiner" 窗口

通过"TimeLiner"可固定窗口，可以将模型中的项目附加到项目任务，并模拟项目进度。

单击"常用"选项卡"工具"面板中的"TimeLiner"按钮，如图 7-1 所示。

图 7-1　"TimeLiner"按钮

一、"TimeLiner"选项

（1）单击应用程序按钮，在下拉列表中单击"选项"按钮。

（2）在"选项编辑器"中展开"工具"节点，

微课："TimeLiner"窗口

微课：TimeLiner 工具概述

然后单击"TimeLiner"按钮，如图7-2所示。

（3）如果想要用户在"TimeLiner"窗口中选择每个任务时都选择"场景视图"中的所有附加项目，勾选"自动选择附着选择集"复选框。

（4）使用"工作日开始（24小时制）"选项选择希望工作日开始的时间。

（5）在"日期格式"下拉列表中选择日期格式。

（6）如果希望在"任务"选项卡中单击鼠标右键时系统提供查找选项，勾选"启用查找"复选框。

（7）使用"工作日结束（24小时制）"选项选择希望工作日结束的时间。

（8）勾选"报告数据源导入警告"复选框，以便在"TimeLiner"窗口的"数据源"选项卡中导入数据时遇到问题的情况下显示警告消息。

（9）勾选"显示时间"复选框，可在"任务"选项卡的日期列中显示时间。

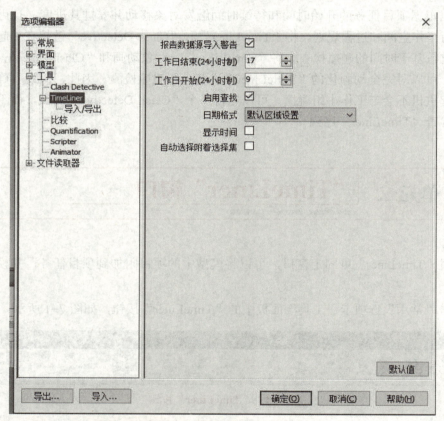

图7-2　"TimeLiner"设置

二、"任务"选项卡

通过"任务"选项卡可以创建和管理项目任务。该选项卡显示进度中以表格格式列出的所有任务。可以使用该选项卡右侧和底部的滚动条浏览任务记录，如图7-3所示。

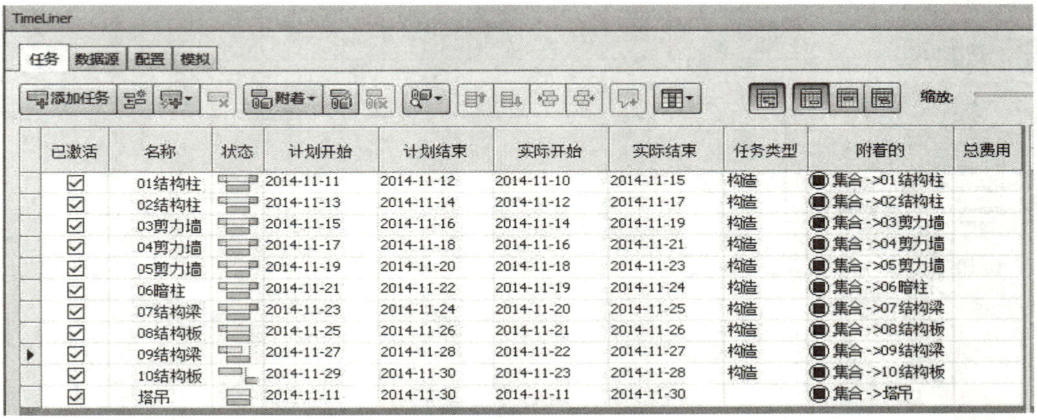

已激活	名称	状态	计划开始	计划结束	实际开始	实际结束	任务类型	附着的	总费用
☑	01结构柱		2014-11-11	2014-11-12	2014-11-10	2014-11-15	构造	集合->01结构柱	
☑	02结构柱		2014-11-13	2014-11-14	2014-11-12	2014-11-17	构造	集合->02结构柱	
☑	03剪力墙		2014-11-15	2014-11-16	2014-11-14	2014-11-19	构造	集合->03剪力墙	
☑	04剪力墙		2014-11-17	2014-11-18	2014-11-16	2014-11-21	构造	集合->04剪力墙	
☑	05剪力墙		2014-11-19	2014-11-20	2014-11-18	2014-11-23	构造	集合->05剪力墙	
☑	06暗柱		2014-11-21	2014-11-22	2014-11-19	2014-11-24	构造	集合->06暗柱	
☑	07结构梁		2014-11-23	2014-11-24	2014-11-20	2014-11-25	构造	集合->07结构梁	
☑	08结构板		2014-11-25	2014-11-26	2014-11-21	2014-11-26	构造	集合->08结构板	
☑	09结构梁		2014-11-27	2014-11-28	2014-11-22	2014-11-27	构造	集合->09结构梁	
☑	10结构板		2014-11-29	2014-11-30	2014-11-23	2014-11-28	构造	集合->10结构板	
☑	塔吊		2014-11-11	2014-11-30	2014-11-11	2014-11-30		集合->塔吊	

图 7-3 “任务”选项卡

任务显示在包含多列的表格中，通过此表格可以灵活地显示记录。用户可以执行以下操作：移动列或调整其大小；按升序或降序顺序对列数据进行排序；向默认列集中添加新用户列。从数据源导入时，TimeLiner 支持分层任务结构。分别单击任务左侧的加号或减号可以展开或收拢层次结构。每个任务都使用图标来标识自己的状态。会为每个任务绘制两个单独的条，显示计划与当前的关系。颜色用于区分任务的最早（蓝色）、准时（绿色）、最晚（红色）和计划（灰色）部分。圆点标记计划开始日期和计划结束日期。将鼠标光标放置在状态图标上会显示工具提示，说明任务状态。

使用“显示日期”下拉菜单可以在“当前”甘特图、“计划”甘特图和“计划与当前”甘特图之间切换。使用“缩放”滑块可以调整显示的甘特图的分辨率。最左边的位置选择时间轴中最小可用的增量；最右边的位置选择时间轴中最大可用的增量。勾选“显示”复选框可显示或隐藏甘特图。

甘特图显示一个说明项目状态的彩色条形图，每个任务占据一行。水平轴表示项目的时间范围（可分解为增量，如天、月、周和年），垂直轴表示项目任务。任务可以按顺序运行，以并行方式或重叠方式，可以将任务拖动到不同的日期，也可以单击并拖动任务的任一端来延长或缩短其持续时间。所有更改都会自动更新到“任务”视图中。

三、“数据源”选项卡

通过“数据源”选项卡，可从第三方进度安排软件中导入任务。其中显示所有添加的数据源，以表格格式列出，如图 7-4 所示。数据源视图显示在多列的表中。这些列会显示名称、源和项目（如 my_schedule.mpp）。任何其他列（可能没有）标识外部进度中的字段，这些字段指定了每个已导入任务的任务类型、唯一 ID、开始日期和结束日期。如有必要，可以移动列及调整其大小。

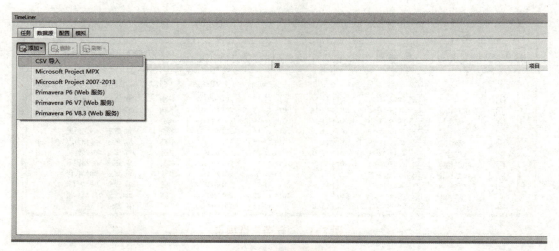

图 7-4　添加数据源

四、"配置"选项卡

通过"配置"选项卡可以设置任务参数，如任务类型、任务的外观定义及模拟开始时的默认模型外观。任务类型显示在多列的表中。如有必要，可以移动表的列及调整其大小，如图 7-5 所示。

"TimeLiner"附带有三种预定义的任务类型。"建造"适用于要在其中构建附加项目的任务。默认情况下，在模拟过程中，对象将在任务开始时以绿色高亮显示并在任务结束时重置为模型外观。"拆除"适用于要在其中拆除附加项目的任务。默认情况下，在模拟过程中，对象将在任务开始时以红色高亮显示并在任务结束时隐藏。"临时"适用于其中的附加项目仅为临时的任务。在默认情况下，在模拟过程中，对象将在任务开始时以黄色高亮显示并在任务结束时隐藏。

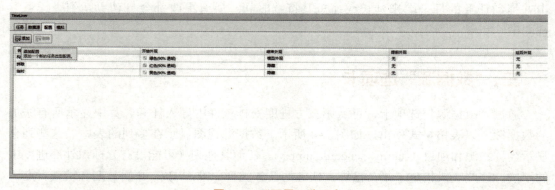

图 7-5　"配置"选项卡

学习单元三 "TimeLiner" 任务

一、"TimeLiner" 任务

"任务"选项卡可用于创建和编辑任务，将任务附加到几何图形项目，以及验证项目进度，可以调整任务视图，还可以向默认列集中添加新用户列。

单元练习资源包

（一）移动列

（1）打开"TimeLiner"窗口，单击展开"任务"选项卡。

（2）将鼠标光标放在要移动的列标题上，单击鼠标左键。

（3）将列标题拖动到所需要的位置，松开鼠标左键。

（二）调整列

（1）打开"TimeLiner"窗口，单击展开"任务"选项卡。

（2）选择要调整其大小的列的列标题右边框处的栅格线。

（3）向右侧拖动将放大该列，向左侧拖动将缩小该列。

（三）创建任务

在"TimeLiner"中，可以通过下列方式之一创建任务：

（1）采用一次一个任务的方式手动创建。

（2）基于"选择树"或选择集和搜索集中的对象结构自动创建。

（3）基于添加到"TimeLiner"中的数据源自动创建。

手动添加任务的步骤如下：

（1）将模型载入到 Autodesk Navisworks Manage。

（2）单击"常用"选项卡"工具"面板中的"TimeLiner"按钮，然后单击展开"TimeLiner"窗口中的"任务"选项卡。

（3）在"任务"视图中的任何位置上单击鼠标右键，然后选择快捷菜单上的"添加任务"命令，如图 7-6 所示。

（4）输入任务名称，然后按 Enter 键，此时将该任务添加到进度中。

（四）选择树

（1）如果尚未打开"TimeLiner"窗口，单击"常用"选项卡"工具"面板中的"TimeLiner"按钮。

（2）单击展开"TimeLiner"窗口的"任务"选项卡，在任务视图中单击鼠标右键，然后单击快捷菜单上的"自动添加任务"按钮。

（3）如果要创建与"选择树"中的每个最顶部层同名的任务，单击"针对每个最上面的图层"按钮，如图7-7所示。如果要创建与"选择树"中的每个最顶部项目同名的项目，单击"针对每个最上面的项目"按钮。根据构建模型的方式，可以是层、组、块、单元或几何图形。

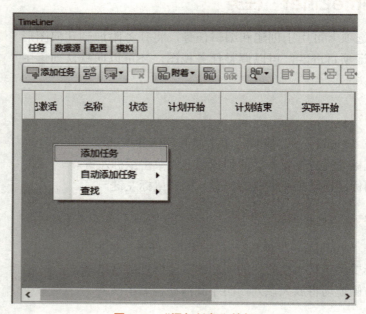

图7-6　"添加任务"按钮

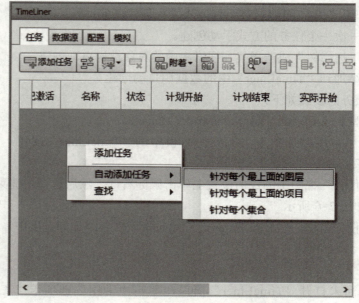

图7-7　"针对每个最上面的图层"按钮

（五）搜索集

（1）如果尚未打开"TimeLiner"窗口，单击"常用"选项卡"工具"面板中的"TimeLiner"按钮。

（2）单击展开"TimeLiner"窗口的"任务"选项卡，在任务视图中单击鼠标右键，然后选择快捷菜单上的"自动添加任务"命令。

（3）单击"针对每个集合"按钮，以创建与"集合"可固定窗口中的每个选择集和搜索集同名的任务，如图 7-8 所示。

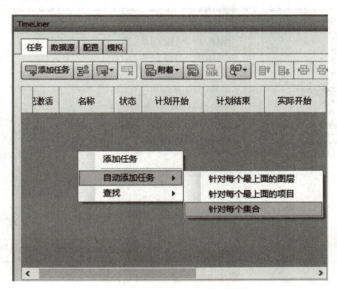

图 7-8　"针对每个集合"按钮

二、编辑任务

可以直接在"TimeLiner"中编辑任何任务参数。但是，在下次刷新从外部项目文件所导入任务的相应数据源时，将覆盖对这些任务所做的更改。

（一）任务

（1）在"TimeLiner"窗口的"任务"选项卡中，选中包含要修改的任务的行，然后单击其名称。

（2）为该任务输入一个新名称，然后按 Enter 键。

（二）日期和时间

默认情况下不显示时间。若要显示任务的时间，打开"选项编辑器"窗口，单击"工具"→"TimeLiner"按钮，勾选"显示时间"复选框，如图 7-9 所示。

（1）在"TimeLiner"窗口的"任务"选项卡中，单击要修改的任务。

121

（2）修改任务日期：

1）单击"实际开始"和"实际结束"字段中的下拉按钮打开日历，从中可以设置实际开始日期／结束日期，如图7-10所示。

2）单击"计划开始"和"计划结束"字段中的下拉按钮打开日历，从中可以设置计划开始日期／结束日期，如图7-11所示。

使用日历顶部的左箭头按钮和右箭头按钮分别前移和后移一个月，然后单击所需的日期。

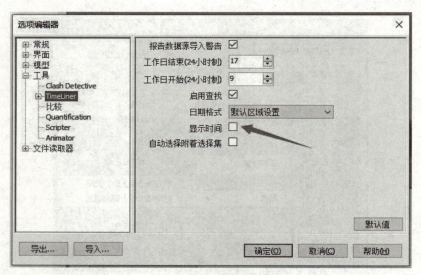

图7-9　"显示时间"设置

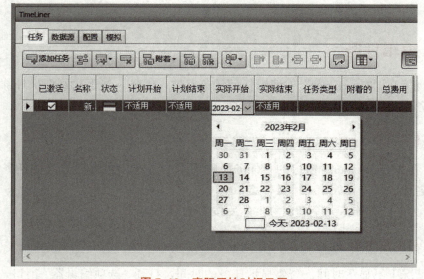

图7-10　实际开始时间日历

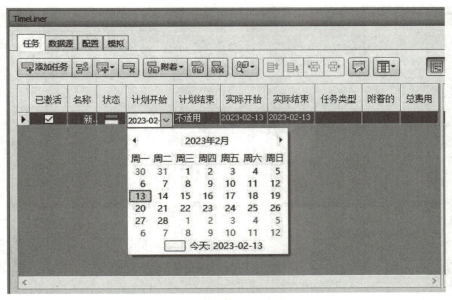

图 7-11　计划开始时间日历

（3）若更改开始时间或结束时间，单击要修改的时间单元（小时、分或秒），然后输入值，可以使用左箭头键和右箭头键在时间字段中的各个单元之间移动。

学习单元四　四维模拟

一、播放模拟

（1）如果尚未打开"TimeLiner"窗口，单击"常用"选项卡"工具"面板中的"TimeLiner"按钮。

（2）在"任务"选项卡中，勾选要包含在模拟中的所有任务的"活动"复选框。

（3）确保为活动任务指定了正确的任务类型。

（4）确保将活动任务附加到几何图形对象，然后单击展开"模拟"选项卡。

单元练习资源包

微课：四维模拟

（5）单击"播放"按钮，"TimeLiner"窗口将在任务执行时显示这些任务，而"场景视图"显示根据任务类型随时间添加或删除的模型部分，如图 7-12 所示。

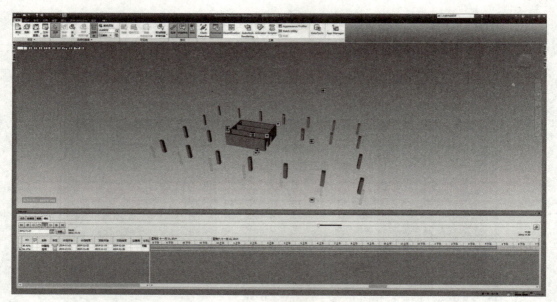

图 7-12　"播放模拟"界面

二、配置模拟

默认情况下，无论任务持续时间多长，模拟播放持续时间均设置为 20 s。可以调整模拟持续时间及一些其他播放选项来增加模拟的有效性。

调整模拟播放的步骤如下：

（1）如果尚未打开"TimeLiner"窗口，单击"常用"选项卡"工具"面板中的"TimeLiner"按钮。

（2）单击展开"模拟"选项卡，然后单击"设置"按钮。

（3）在"模拟设置"对话框中，修改播放设置，然后单击"确定"按钮，如图 7-13 所示。

每个任务都有一个与之相关的任务类型，任务类型指定了模拟过程中如何在任务的开头和结尾处理附加到任务的项目。

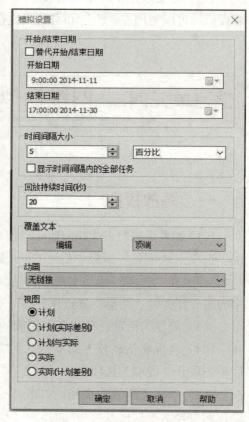

图 7-13　"模拟设置"对话框

三、任务类型

（1）如果尚未打开"TimeLiner"窗口，单击"常用"选项卡"工具"面板中的"TimeLiner"按钮。

（2）单击展开"配置"选项卡，然后单击"添加"按钮。

（3）将向列表底部添加一个新任务类型；该类型将高亮显示，使用户为其输入一个新名称，如图 7-14 所示。

（4）选择其中一个"外观"字段，单击该字段以打开相应的下拉菜单，并指定所需要的对象行为。

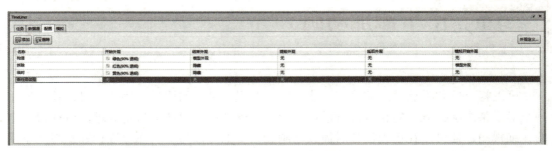

图 7-14　配置新任务类型

四、外观定义

（1）如果尚未打开"TimeLiner"窗口，单击"常用"选项卡"工具"面板中的"TimeLiner"按钮。

（2）单击展开"配置"选项卡，然后单击"外观定义"按钮。

（3）在"外观定义"对话框中，选择外观定义，然后单击"删除"按钮，如图 7-15 所示。

（4）单击"确定"按钮。

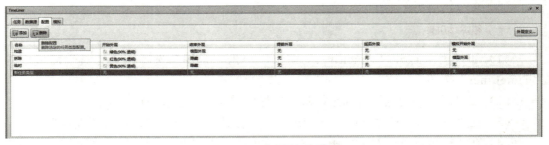

图 7-15　删除新任务类型

五、更改默认模拟外观

（1）如果"TimeLiner"窗口尚未打开，单击"常用"选项卡"工具"面板中的"TimeLiner"按钮，然后单击展开"配置"选项卡。

（2）单击"外观定义"按钮，打开"外观定义"对话框。

（3）在"默认模拟开始外观"下拉列表中，选择要用来开始模拟的外观选项。

（4）单击"确定"按钮。

学习单元五　添加动画

可以将对象和视点动画链接到构建进度，并提高模拟的质量。例如，可以首先使用一个显示整个项目概况的相机进行模拟，然后在模拟任务时放大特定区域，以获得模型的详细视图，还可以在模拟任务时播放动画场景（如可以为材料库存堆积和消耗及车辆移动创建动画，并监视车辆到达现场的过程）。可以将动画添加到整个进度、进度中的单个任务，或将这些方法组合在一起来实现所需的效果。还可以向进度中的任务添加脚本。这样，便可以控制动画特性。例如，可以在模拟任务时播放不同的动画片段，或反向播放动画等。

一、进度动画

可以添加到整个进度中的动画只限于视点、视点动画和相机。添加的视点和相机动画将自动进行缩放，以便与播放持续时间匹配。向进度中添加动画后，就可以对其进行模拟了。

单元练习资源包

微课：添加动画

（一）视点动画

（1）如果尚未打开"TimeLiner"窗口，单击"常用"选项卡"工具"面板中的"TimeLiner"按钮。

（2）在"保存的视点"可固定窗口上选择所需要的视点或视点动画。

（3）在"TimeLiner"窗口中，单击展开"模拟"选项卡，然后单击"设置"按钮。

（4）在"模拟设置"对话框中，单击"动画"字段中的下拉按钮，在下拉列表中选择"保存的视点动画"选项，如图7-16所示。

（5）单击"确定"按钮。

（二）相机动画

（1）如果尚未打开"TimeLiner"窗口，单击"常用"选项卡"工具"面板中的"TimeLiner"按钮。

（2）单击展开"模拟"选项卡，然后单击"配置"按钮。

（3）在"模拟设置"对话框中，单击"动画"字段中的下拉按钮，然后选择所需要的相机动画，如"场景3"→"相机"，如图7-17所示。

（4）单击"确定"按钮。

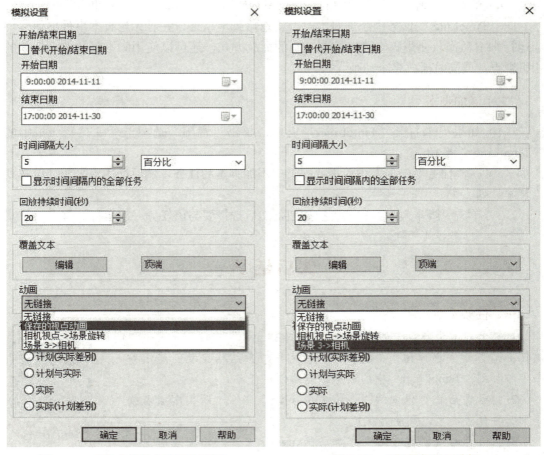

图 7-16 "保存的视点动画"选项   图 7-17 "场景相机"选择

二、任务动画

可以添加到"TimeLiner"中的单个任务的动画只限于场景及场景中的动画集。默认情况下，添加的任何动画均进行缩放，以匹配任务持续时间。还可以选择通过将动画的起始点或结束点与任务匹配来以正常（录制）速度播放动画。

（一）动画场景及动画集

（1）如果尚未打开"TimeLiner"窗口，单击"常用"选项卡"工具"面板中的"TimeLiner"按钮。

（2）在"任务"选项卡中，单击要向其中添加动画的任务，并使用水平滚动条找到"动画"列。

（3）单击"动画"字段中的下拉按钮，然后选择一个场景，或场景中的动画集。选择场景时，将使用为该场景录制的所有动画集。

（4）单击"动画行为"字段中的下拉按钮，然后选择动画在该任务期间的播放方式。

向"TimeLiner"任务中添加脚本时，将忽略脚本事件，并且无论脚本事件如何，均会运行脚本动作。使用脚本可以控制动画的播放方式，还可以使用脚本更改单个任务的相机视点，或同时播放多个动画。

（二）添加脚本

（1）如果尚未打开"TimeLiner"窗口，单击"常用"选项卡"工具"面板中的"TimeLiner"按钮。

（2）在"任务"选项卡中单击要向其中添加脚本的任务，然后使用水平滚动条找到"脚本"列。

（3）单击"脚本"字段中的下拉按钮，然后选择要与该任务一起运行的脚本。

课后延学

一、任务实施

1. 打开课后资源包中的"TimeLiner 任务 .nwd"文件，采用手动创建任务，基于"选择树"、选择集、搜索集对象结构自动创建任务，基于添加到"TimeLiner"中的数据源自动创建任务。

2. 打开课后资源包中的"四维模拟 .nwd"文件，调整模拟播放，添加三种任务类型，删除外观定义。

课后资源包

3. 打开课后资源包中的"添加动画 .nwd"文件，添加当前视点，添加视点动画，添加相机动画。

二、评价标准

1. 手动创建任务（10分），基于"选择树"（5分）、选择集（5分）、搜索集对象结构（5分）自动创建任务，基于添加到"TimeLiner"中的数据源自动创建任务（5分）。

2. 调整模拟播放（10分），添加三种任务类型（10分），删除外观定义（10分）

3. 添加当前视点（10分），添加视点动画（15分），添加相机动画（15分）。

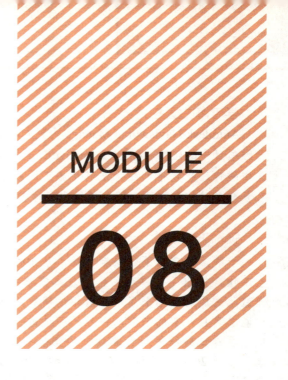

MODULE

08

学习模块八

查找和管理碰撞

知识目标：

1. 熟知 Clash Detective 工具的构成及参数设置。

2. 了解各碰撞规则的原理。

3. 掌握使用碰撞检测及碰撞结果查看的方法。

能力目标：

1. 能够准确使用和编辑碰撞规则。

2. 能够完成模型碰撞、时间碰撞相关操作。

3. 能够查看并合理分析碰撞结果。

素养目标：

1. 对国家具有高度认同感、归属感、责任感和使命感。

2. 乐于阅读多种来源的材料以获取信息。

3. 可以通过分析整理好的数据资料所体现出的关系与模式来得出
   结论。

Autodesk Navisworks Manage 内置 Clash Detective 工具，主要用于识别、检验和报告三维项目中的碰撞。Clash Detective 工具提供了多种碰撞规则，不仅包括模型物体间的交叉硬碰撞，也包括间距无法满足施工的软碰撞，以及时间维度上的模型碰撞。碰撞结果可复合多种信息方便审阅，并能生成碰撞报告。

课前小故事

于敏，蘑菇云下的盖世英雄。从 1961 年开始，他隐姓埋名 28 载，进行氢弹理论探索工作，提出了从原理到构型基本完整的设想，仅用 26 个月就带领科研团队取得了氢弹试验的成功，创下了世界最短的研究周期记录。他常常半跪在地上分析计算纸带，以严谨求真且务实的态度，一丝不苟地进行优化设计，凭借超强的记忆力与计算能力，实现了氢弹试验结果与计算数据的完全一致。于老曾于 1999 年被授予"两弹一星功勋奖章"，于 2014 年获得国家最高科学技术奖，于 2018 年被授予改革先锋称号。惊天的事业之下，于老无悔地度过了沉静思索、奉献坚守的一生。

"感动中国"组委会给予于敏的颁奖词是："离乱中寻觅一张安静的书桌，未曾向洋已经砺就了锋锷。受命之日，寝不安席，当年吴钩，申城淬火，十月出塞，大器初成。一句嘱托，许下了一生；一声巨响，惊诧了世界；一个名字，荡涤了人心。"

课前引导问题

引导问题 1：通过课前小故事，讲述爱国的内容都有哪些。

_____

_____

引导问题 2：本模块知识点对应《"1+X"建筑信息模型（BIM）职业技能等级证书考评大纲》及人社部"建筑信息模型技术员"国家职业技能标准中哪些技能点？

_____

_____

引导问题 3：碰撞规则都有哪些，各自适用哪些情况？

_____

_____

引导问题 4：导出碰撞结果时有哪些参数可导出，有哪些格式可导出？

_____

_____

学习单元一 "Clash Detective" 窗口

Autodesk Navisworks 软件能够将 AutoCAD 和 Revit 系列等应用创建的设计数据，与来自其他设计工具的几何图形和信息相结合，将其作为整体的三维项目，通过多种文件格式进行实时审阅，而无须考虑文件的大小。Autodesk Navisworks 软件产品可以帮助所有相关方将项目作为一个整体来看待，从而优化从设计决策、建筑实施、性能预测和规划直至设施管理和运营等各个环节。

单元练习资源包

微课："Clash Detective"窗口

使用 Clash Detective 可固定窗口可以设置碰撞检测的规则和选项、查看结果、对结果进行排序及生成碰撞报告，如图 8-1 所示。

图 8-1 "Clash Detective" 窗口

"结果"选项卡显示每个所显示的碰撞检测的摘要信息。其中显示每次检测中的碰撞总数，以及所标识的各碰撞状态下所属的碰撞数。当前选定碰撞检测的摘要显示在其他"Clash Detective"选项卡的顶部。其中显示检测中的碰撞总数，以及已打开（"新建""活动的""已审阅"）和已关闭（"已核准""已解决"）碰撞的详细信息，如图 8-2 所示。

图 8-2 "结果" 选项卡

一、Clash Detective

（1）单击应用程序按钮，在下拉列表中单击"选项"按钮。

（2）单击"选项编辑器"对话框中"工具"节点，然后单击选择"Clash Detective"选项。

（3）在"Clash Detective"窗口，在"在环境缩放持续时间中查看（秒）"的输入框输入所需要的值。在"Clash Detective"窗口的"结果"选项卡上使用"在环境中查看"功能时，该值指定视图缩小（使用动画转场）所用的时间。

（4）在"在环境暂停中查看（秒）"的输入框输入所需要的值。执行"在环境中查看"功能时，只要按住按钮，视图就会保持缩小状态。如果快速单击而不是按住按钮，则该值指定视图保持缩小状态以免中途切断转场的时间。

（5）在"动画转场持续时间（秒）"的输入框输入所需要的值。在"Clash Detective"窗口的结果网格中单击一个碰撞时，该值用于平滑从当前视图到下一个视图的转场。

（6）使用"降低透明度"滑块指定碰撞中不涉及的项目的透明度。

（7）勾选"使用线框以降低透明度"复选框可将碰撞中未涉及的项目显示为线框。

（8）单击"确定"按钮，完成设置，如图8-3所示。

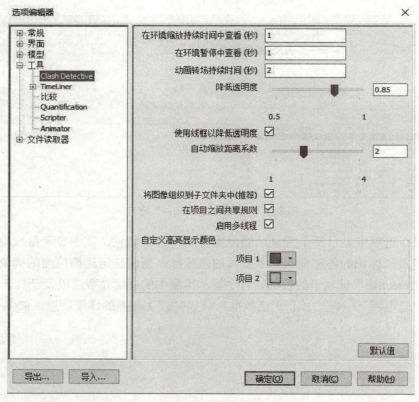

图8-3 "Clash Detective"设置

二、批处理

"批处理"选项卡用于管理碰撞检测和结果。其中显示当前以表格格式设置并列出的所有碰撞检测，以及有关所有碰撞检测状态的摘要。可以使用该选项卡右侧和底部的滚动条浏览碰撞检测，还可以更改碰撞检测的排序顺序。要执行此操作，单击所需列的标题。这将在升序和降序之间切换排列顺序。

三、规则

"规则"选项卡用于定义和自定义要应用于碰撞检测的忽略规则。该选项卡列出了当前可用的所有规则。这些规则可用于使"Clash Detective"在碰撞检测期间忽略某个模型几何图形。可以编辑每个默认规则，并可以根据需要添加新规则，如图8-4所示。

图8-4 "规则"选项卡

四、选择

通过"选择"选项卡可以设置检测项目集，从而无须对整个项目模型进行碰撞检测。使用它可以为"批处理"选项卡中当前选定的碰撞配置参数。左窗格和右窗格这两个窗格包含将在碰撞检测过程中以相互参照的方式进行测试的两个项目集的树视图，用户需要在每个窗格中选择项目。每个窗格的底部都有多个复制"选择树"窗口当前状态的选项卡。可以使用它们选择碰撞检测的项目，如图8-5所示。

图8-5 "选择"选项卡

五、结果

通过"结果"选项卡，用户能够以交互方式查看已找到的碰撞。它包含碰撞列表和一些用于管理碰撞的控件。可以将碰撞组合到文件夹和子文件夹中，从而使管理大量碰撞或相关碰撞的工作变得更为简单，如图 8-6 所示。

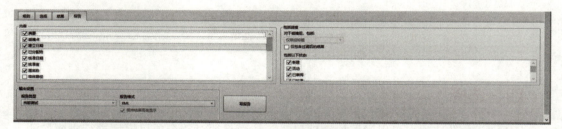

图 8-6 "结果"选项卡

六、报告

通过"报告"选项卡，可以设置和写入包含选定测试中找到的所有碰撞结果的详细信息的报告，如图 8-7 所示。

图 8-7 "报告"选项卡

学习单元二　碰撞规则

使用"忽略碰撞"规则可忽略碰撞项目的某些组合，从而减少碰撞结果数。"Clash Detective"工具同时包括默认碰撞规则和可用于创建自定义碰撞规则的模板。

单元练习资源包

微课：碰撞批处理

一、使用规则

（1）如果尚未打开"Clash Detective"窗口，单击"常用"选项卡"工具"面板中的"Clash Detective"按钮。

（2）单击展开"批处理"选项卡，然后在测试区域中选择要配置的测试。

（3）单击展开"规则"选项卡，然后勾选要应用于测试的所有例外规则的复选框，如图 8-8 所示。

二、添加规则

（1）如果尚未打开"Clash Detective"窗口，单击"常用"选项卡"工具"面板中的"Clash Detective"按钮。

图 8-8　内置碰撞规则

（2）在"规则"选项卡中，单击"新建"按钮。

（3）在"规则编辑器"对话框中，输入规则的新名称，如图 8-9 所示。

（4）在"规则模板"列表中，单击要使用的模板。

（5）在"规则描述"输入框中，单击每个带下划线的值以定义自定义规则。

（6）单击"确定"按钮，该规则将添加到"规则"选项卡上的"忽略以下对象之间的碰撞"选项组。

三、编辑规则

（1）如果尚未打开"Clash Detective"窗口，单击"常用"选项卡"工具"面板中的"Clash Detective"按钮。

单元练习资源包　　　微课：碰撞规则

（2）在"规则"选项卡中，单击要编辑的忽略规则。

（3）单击"编辑"按钮。

（4）在"规则编辑器"对话框中，如果要更改规则的当前名称，需要重命名该规则。

（5）如果要更改当前模板，则选择其他规则模板。

（6）在"规则描述"输入框中，单击每个带下划线的值以重新定义自定义规则。

（7）单击"确定"按钮，保存对规则的更改，如图 8-10 所示。

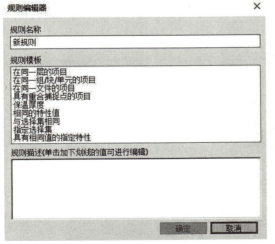

图 8-9　添加规则

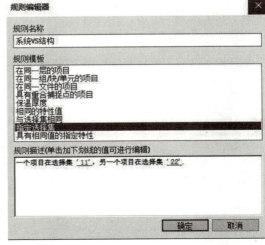

图 8-10　编辑规则

四、删除规则

（1）如果尚未打开"Clash Detective"窗口，单击"常用"选项卡"工具"面板中的"Clash Detective"按钮。

（2）在"规则"选项卡中，单击要删除的忽略规则。

（3）单击"删除"按钮，删除碰撞规则。

学习单元三　选择测试项目

一、项目选择

单元练习资源包　　微课：选择测试项目

（一）选择项目

（1）如果尚未打开"Clash Detective"窗口，单击"常用"选项卡"工具"面板中的"Clash Detective"按钮。

（2）单击展开"批处理"选项卡，并选择要配置的测试。

（3）单击展开"选择"选项卡，该选项卡中有两个称为"选择 A"和"选择 B"的相同窗格，如图 8-11 所示。这两个窗格包含将在碰撞检测过程中以相互参照的方式进行测试的两个项目集的树视图，用户需要在每个窗格中选择项目。可以通过从选取树中选择选项卡并从树层次结构中手动选择项目来选择项目。场景中的任何选择集也都包含在选项卡中，这是一种跨会话设置项目的快速而有用的方法。还可以通过常用方式在"场景视图"或"选择树"中选择项目，然后单击相应的"选择当前对象"按钮，将当前选择转移到其中一个框。

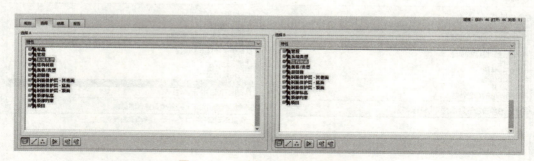

图 8-11　"选择 A"和"选择 B"

（4）可选：单击相应的"自相交"按钮，以测试对应的集是否自相交，以及是否与另一个集相交，如图 8-12 所示。

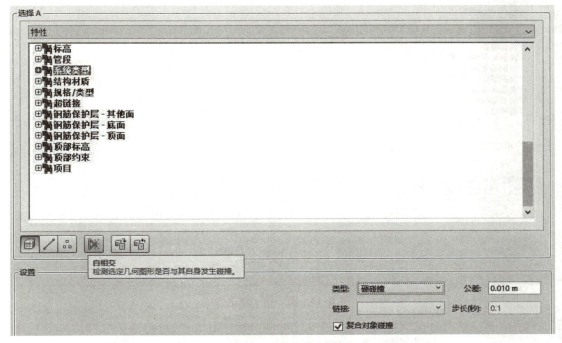

图 8-12 "自相交"按钮

（5）可选：可以在测试中包括点、线或面的碰撞。每个窗口下面有三个按钮，分别对应于面、线和点，如图 8-13 所示。要打开 / 关闭，单击按钮即可。因此，假如要在某个曲面几何图形和点云之间运行碰撞检测，则可以在"左"窗格中设置几何图形，然后单击"右"窗格下的"点云"按钮。在默认情况下，将打开"左"窗格下的"曲面"按钮。另外，可以将碰撞"类型"设置为"间隙碰撞"，其中"公差"为 1 m。

可以从"硬碰撞""硬碰撞（保守）""间隙""重复项"四种默认碰撞检测类型中进行选择，如图 8-14 所示。

（二）选择检测选项

（1）如果尚未打开"Clash Detective"窗口，单击"常用"选项卡"工具"面板中的"Clash Detective"按钮。

（2）在"选择"选项卡上，从"类型"下拉列表中选择要运行的测试。在列表的末尾将显示任何已定义的自定义碰撞检测。

（3）输入所需要的公差，将以选项中设置好的单位表示。

（4）如果要运行基于时间的碰撞检测或软碰撞检测，在"链接"列表中选择相应的选项。

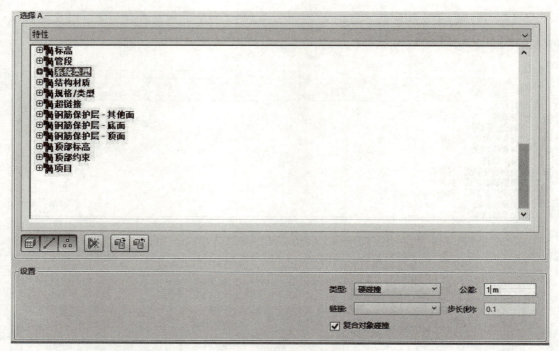

图 8-13　面、线、点选择

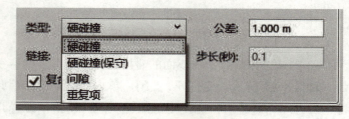

图 8-14　碰撞检测类型

二、时间碰撞检测

链接到"TimeLiner"进度会将"Clash Detective"和"TimeLiner"的功能集成在一起，从而可以在"TimeLiner"项目的整个生存期中自动进行碰撞检查。同样，链接到对象动画场景会集成"Clash Detective"和对象动画的功能，从而使用户能够自动检测移动对象之间的碰撞。最后，可以链接到动画"TimeLiner"进度（在该进度中，某些任务被链接到动画场景），并运行基于时间的自动软碰撞检测。

（一）基于时间碰撞

项目模型可能包含临时项目（如工作软件包、船、起重机、安装等）的静态表示。

可以将此类静态对象添加到"TimeLiner"项目中，并将其安排为在特定的时间段、在特定位置出现和消失。由于这些静态软件包对象基于"TimeLiner"进度围绕项目现场"移动"，因此某些静态软件包对象可能在进度中的某个时间点占用同一空间，即发生"碰撞"。设置基于时间的碰撞可以在整个项目生存期内对该碰撞进行自动检查。运行基于时间的碰撞会话时，在"TimeLiner"序列的每个步骤都会使用"Clash Detective"来检查是否发生碰撞。如果发生碰撞，将记录碰撞发生的日期及导致碰撞的事件。

为基于时间的碰撞做准备的步骤如下：

（1）需要在覆盖所需面积或体积的项目模型中对每个要使用的静态软件包进行建模。例如，可以使用半透明块。

（2）必须将这些静态软件包作为任务添加到"TimeLiner"进度中。

（3）必须在"配置"选项卡上将额外的任务类型添加到"TimeLiner"中，以表示不同类型的静态软件包。还需要为添加的每个任务类型配置外观。

（二）链接到 TimeLiner

（1）在 Autodesk Navisworks Manage 中，打开项目模型文件，其中包含具有静态软件包任务的"TimeLiner"进度。

（2）如果尚未打开"TimeLiner"窗口，单击"常用"选项卡"工具"面板中的"TimeLiner"按钮，如图 8-15 所示。

（3）单击展开"任务"选项卡，并检查是否显示静态软件包任务。

（4）单击展开"配置"选项卡，并检查是否添加了任务类型以匹配静态软件包。

（5）单击展开"模拟"选项卡，并播放模拟以查看显示的静态软件包，检查它们是否在正确的位置和正确的时间段显示。

（6）如果尚未打开"Clash Detective"窗口，单击"常用"选项卡"工具"面板中的"Clash Detective"按钮。

（7）单击展开"选取"选项卡。

（8）在"左"窗格和"右"窗格中，选择要测试的对象。

（9）在"链接"下拉列表中，选择"TimeLiner"选项。

（10）单击"开始"按钮，"Clash Detective"将在每个时间间隔检查项目中是否存在碰撞。"找到"列表中将显示已找到的碰撞数。

图 8-15 "TimeLiner"窗口

三、软碰撞

项目模型可能包含临时项目（如工作软件包、船、起重机、安装等）的动态表示。可以使用"Animator"窗口创建包含这些对象的动画场景，以使它们围绕项目现场移动或更改其尺寸等。某些正在移动的对象可能会发生碰撞。设置软碰撞可以对该碰撞进行自动检查。运行软碰撞会话时，在场景序列的每个步骤都会使用"Clash Detective"检查是否发生了碰撞。如果发生碰撞，将记录碰撞发生的时间及导致碰撞的事件。

（一）链接对象动画

（1）在 Autodesk Navisworks Manage 中，打开包含对象动画场景的项目模型文件。

（2）如果尚未打开"Animator"窗口，单击"常用"选项卡"工具"面板中的"Animator"按钮。

（3）播放动画。检查动画对象是否在正确的位置、以正确的尺寸显示等。

（4）如果尚未打开"Clash Detective"窗口，单击"常用"选项卡"工具"面板中的"Clash Detective"按钮。

（5）单击展开"选取"选项卡。

（6）在"左"窗格和"右"窗格中，选择要测试的对象。

（7）在"链接"下拉列表中，选择要链接到的动画场景，如"Scene1"。

（8）在"步长"输入框中，输入要在查找动画中的碰撞时使用的"时间间隔大小"。

（9）单击"开始"按钮，"Clash Detective"将在每个时间间隔检查动画中是否存在碰撞。"找到"下拉列表中将显示已找到的碰撞数。

（二）软碰撞检测

项目模型可能包含临时项目（如工作软件包、船、起重机、安装等）的表示。如果要使用静态对象，必须将其添加到"TimeLiner"项目中，并将其安排为在特定的时间段、在特定位置出现和消失。另外，还可以创建动态动画场景，以使对象围绕项目现场移动或更改其尺寸等。创建此类场景后，必须将其链接到"TimeLiner"项目进度中的任务。静态对象的出现或消失可能会阻碍现场动画对象的移动。设置基于时间的软碰撞可以在整个项目生存期内对该碰撞进行自动检查。运行基于时间的软碰撞会话时，在"TimeLiner"序列的每个步骤都会使用"Clash Detective"检查是否发生了碰撞。如果发生碰撞，将记录碰撞发生的日期及导致碰撞的事件。

链接到 TimeLiner 进度的步骤如下：

（1）在 Autodesk Navisworks Manage 中，打开包含动画"TimeLiner"进度的项目模型文件。

（2）如果尚未打开"TimeLiner"窗口，单击"常用"选项卡"工具"面板中的

"TimeLiner"按钮。

（3）单击展开"任务"选项卡，并检查是否显示了静态软件包任务，以及是否已将至少一个动画场景链接到某个"TimeLiner"任务。

（4）单击展开"配置"选项卡，并检查是否添加了任务类型以匹配静态软件包。

（5）单击展开"模拟"选项卡，并播放模拟，检查是否在正确的时间段和正确的位置显示静态和动态软件包。

（6）如果尚未打开"Clash Detective"窗口，单击"常用"选项卡"工具"面板中的"Clash Detective"按钮。

（7）单击展开"选取"选项卡。

（8）在"左"窗格和"右"窗格中，选择要测试的对象。

（9）在"链接"下拉列表中，选择"TimeLiner"选项。

（10）在"步长"输入框中，输入要在查找动画场景中的碰撞时使用的"时间间隔大小"。

（11）单击"开始"按钮，"Clash Detective"将在每个时间间隔检查项目中是否存在碰撞。"找到"下拉列表中将显示已找到的碰撞数。

（三）单个碰撞检测

（1）如果尚未打开"Clash Detective"窗口，单击"常用"选项卡"工具"面板中的"Clash Detective"按钮。

（2）单击展开"批处理"选项卡，并选择要运行的测试。

（3）单击展开"选择"选项卡，并设置所需要的测试选项。

（4）选择左、右碰撞集并定义碰撞类型和公差后，单击"开始"按钮，开始运行测试。"碰撞数目"框显示该测试运行期间到目前为止发现的碰撞数量，如图8-16所示。

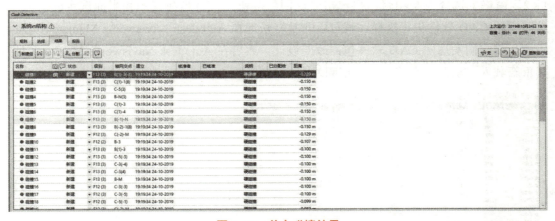

图8-16 单个碰撞结果

单元练习资源包　　微课：碰撞结果

一、结果概述

　　找到的所有碰撞都将显示在一个多列表中的"结果"选项卡中，如图 8-17 所示。可以单击任一列标题，以使用该列的数据对该表格进行排序。该排序可以按字母、数字、相关日期进行。对于"状态"列，可以按工作流顺序进行排序："新"→"已激活"→"已审阅"→"已审批"→"已解决"。反复单击列标题可在升序和降序之间切换排序顺序。如果运行基于时间的碰撞检测、软碰撞检测或基于时间的软碰撞检测，则任何碰撞的开始时间/日期都将记录到"开始""结束"列下的相应碰撞的旁边，同时，还会在"事件"列中记录事件名称（动画场景或"TimeLiner"任务）。如果在特定日期找到了多个碰撞，则将列出每个单独的碰撞和相同的模拟信息。"项目 1"和"项目 2"窗格显示了与碰撞中各个项目相关的"快捷特性"，以及标准"选择树"中从根到项目几何图形的路径。单击碰撞将在"场景视图"中高亮显示该碰撞中涉及的两个对象。默认情况下，碰撞的中心就是视图的中心，该中心已放大，以便碰撞中涉及的对象的各部分填满视图。可以使用"显示"和"在环境中查看"区域中的选项控制显示碰撞结果的方式。当碰撞结果包含与单个设计问题关联的多个碰撞时，考虑将它们手动组合在一起。将碰撞组织到文件夹中可以简化设计问题的跟踪。将碰撞归于一个组时，在摘要和报告中它们将作为一个碰撞列出。针对碰撞组显示的距离是该组中最大"打开"碰撞的距离。最后，在"项目 1"或"项目 2"窗格上选择一个项目，再单击"返回"按钮，会将当前视图和当前选定的对象发送回原始 CAD 软件包。这样，就可以非常轻松地在 Autodesk Navisworks Manage 中显示碰撞，将它们发送回 CAD 软件包，改变设计，然后在 Autodesk Navisworks Manage 中将其重新载入，从而大大缩短设计审阅时间。

图 8-17　碰撞"结果"选项卡

二、结果管理

用户可以分别管理各个碰撞结果，还可以创建和管理碰撞组。所创建的组在"结果"选项卡中表示为文件夹，也可以将碰撞和碰撞组分配给个人或同仁，以便可以指定哪个用户负责解决碰撞。

（一）创建碰撞组

（1）单击"结果"选项卡中的"新建组" 按钮。一个名为碰撞组 X 的新文件夹即添加到当前选定的碰撞之上（如果未进行选择，则添加到列表顶部），如图 8-18 所示。

（2）为该组输入一个新名称，然后按 Enter 键。

（3）选择要添加到该组的碰撞，然后将其拖动到文件夹中。

（4）单击所创建的碰撞组时，"项目 1"和"项目 2"窗格将显示该碰撞组内包含的所有碰撞项目，"场景视图"中将显示所有相应的碰撞。

图 8-18　创建碰撞组

（二）碰撞组合

（1）在"结果"选项卡中，选择要组合在一起的所有碰撞。

（2）在所做选择上单击鼠标右键，在快捷菜单中选择"组"选项。

（3）为该组输入一个新名称，然后按 Enter 键。

（4）单击所创建的碰撞组时，"项目 1"和"项目 2"窗格将显示该碰撞组内包含的所有碰撞项目，"场景视图"中将显示所有相应的碰撞。

（三）分配碰撞

（1）在"结果"选项卡中，选择一个碰撞、一个碰撞组或多个碰撞。

（2）在所选内容上单击鼠标右键，在快捷菜单中选择"分配"选项，如图 8-19 所示。

（3）输入要将所选内容分配给的人员 / 同仁的名称。

（4）输入任何注释（如果需要）。

（5）单击"确定"按钮。

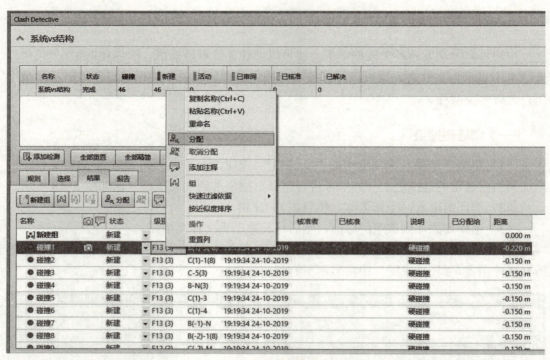

图 8-19 分配碰撞

三、审阅结果

Autodesk Navisworks Manage 提供了向碰撞结果中添加注释和红线批注的工具。

以可视方式标识模型中的碰撞：单击碰撞结果时，将自动放大"场景视图"中的碰撞位置。"Clash Detective"工具包含许多"显示"选项，通过这些选项可以调整在模型中渲染碰撞的方式，也可以调整查看环境以便直观地确定每个碰撞在模型中的位置，以及自定义 Autodesk Navisworks Manage 在碰撞之间转场的方式。在"场景视图"中导航碰撞结果时，如果在"结果"选项卡中勾选"保存视点"复选框，则将自动保存适用于碰撞视点的任何更改。此选项允许用户针对碰撞结果调整视点，并存储红线批注。如果用户离开了碰撞并且无法在"场景视图"中找到该碰撞，则可以重置视点以重新关注碰撞点。

（一）场景显示

（1）在"Clash Detective"窗口中，单击展开"结果"选项卡。

（2）在"显示"选项组中勾选"突出显示所有"复选框。找到的所有碰撞都以其状态颜色高亮显示，如图 8-20 所示。

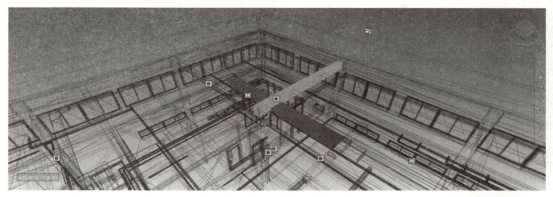

图 8-20　碰撞三维显示

（二）隔离结果

（1）在"Clash Detective"窗口中，单击展开"结果"选项卡。

（2）要在"场景视图"中隐藏所有妨碍查看碰撞的项目，勾选"自动显示"复选框。单击一个碰撞结果时，可以看到该碰撞会自行放大，而无须移动位置，如图 8-21 所示。

（3）要隐藏碰撞中未涉及的所有项目，勾选"隐藏其他"复选框。这样，就可以更好地关注"场景视图"中的碰撞项目，如图 8-22 所示。

（4）要使碰撞中未涉及的所有项目变暗，勾选"暗显其他"复选框。单击碰撞结果时，Autodesk Navisworks Manage 会使碰撞中所有未涉及的项目变灰。

（5）要设置以降低碰撞中所有未涉及的对象的透明度，勾选"降低透明度"复选框。该选项只能与"暗显其他"选项一起使用，并将碰撞中所有未涉及的项目渲染为透明及变灰。可以在"选项编辑器"中自定义透明度降低的级别。在默认情况下，使用 85% 透明度，如图 8-23 所示。

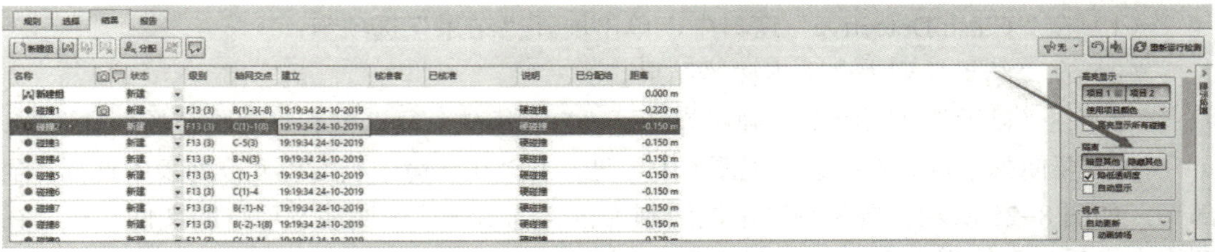

图 8-21　"自动显示"选项

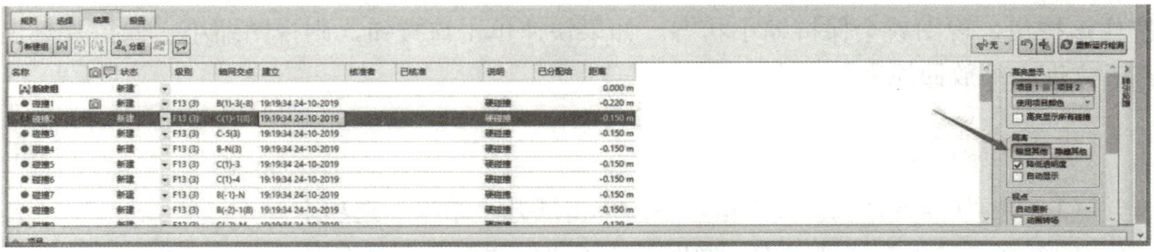

图 8-22　"隐藏其他"选项

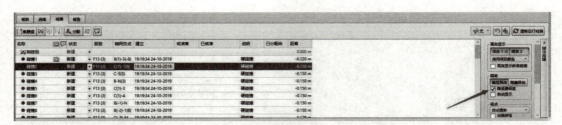

图 8-23   "降低透明度"复选框

（三）碰撞转场

（1）在"Clash Detective"窗口中，单击展开"结果"选项卡。

（2）在"显示"选项组中，确保勾选了"自动缩放"复选框。

（3）在"结果"列表中单击碰撞结果。将放大碰撞在"场景视图"中所处的位置。

（4）勾选"动画转场"复选框，如图 8-24 所示。

（5）单击另一个碰撞结果。视图将从当前视图平滑转场到下一个视图。可以使用"选项编辑器"自定义动画转场的持续时间。

图 8-24   "动画转场"复选框

（四）查看碰撞

（1）在"Clash Detective"窗口中，单击展开"结果"选项卡。

（2）在"结果"列表中单击碰撞结果。

（3）在"显示"选项组中，确保勾选了"自动缩放"复选框和"动画转场"复选框。

（4）要使整个场景在"场景视图"中可见，在"在环境中查看"下拉列表中选择"全部"，如图 8-25 所示。要将视图范围限制为包含选定碰撞中所涉及项目的文件，在"在环境中查看"下拉列表中选择"查看文件范围"。

（5）按住"在环境中查看"按钮可在"场景视图"中显示所选的环境视图。只要按住该按钮，视图就会保持缩小状态。如果快速单击该按钮，则视图缩小，保持片刻，然后立即再缩放回原来的大小。

（五）结果保存

（1）在"Clash Detective"窗口中，单击展开"结果"选项卡。

（2）在"显示"选项组中，确保勾选了"保存视点"复选框。

（3）在"结果"列表中单击碰撞结果。这样，就可以为碰撞结果定制视点了，还可以将红线批注与碰撞结果一起存储。

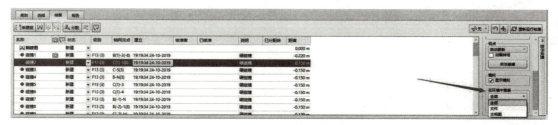

图 8-25　在环境中查看

学习单元五　报告碰撞结果

可以生成各种"Clash Detective"报告。例如，对于无权访问 Autodesk Navisworks 的设计团队，可以通过报告知道存在哪些协调问题。对于基于时间的碰撞，在报告中包含有关碰撞中每个静态软件包的其他信息。使用"快捷特性"定义可以在"选项编辑器"中设置该信息。

单元练习资源包

微课：报告碰撞结果

（1）在"Clash Detective"窗口中，运行所需的测试（单独运行或以批处理的形式运行）。如果运行批处理测试，则在"批处理"选项卡上，选择要查看其结果的测试。

（2）单击"报告"选项卡，如图 8-26 所示。

（3）在"包含碰撞"区域的"对于碰撞组，包括"框中，指定如何在报告中显示碰撞组。

（4）在"报告类型"框中选择报告的类型。

（5）在"报告格式"框中选择报告格式。

（6）单击"写报告"按钮，书写报告。

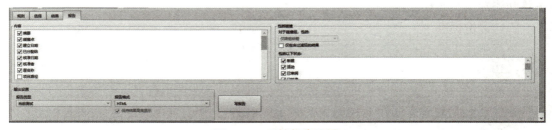

图 8-26　碰撞报告设置

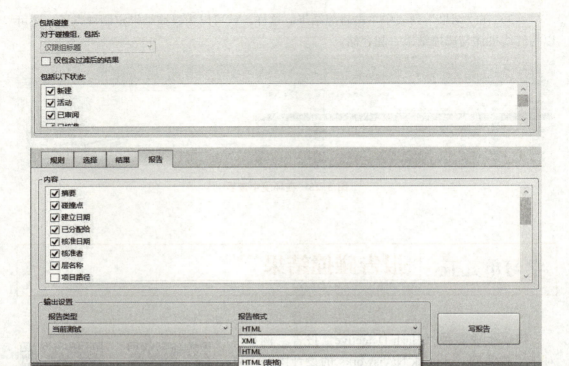

图 8-26 碰撞报告设置（续）

课后延学

一、任务实施

1. 打开课后资源包中的"碰撞规则 .nwd"文件，使用在同一层的项目创建"新规则"，在"新规则"中添加一条规则描述。

2. 打开课后资源包中的"选择要测试的项目 .nwd"文件，采用"自相交"方式测试对应集是否自相交，以及是否与另一个集相交。

3. 打开课后资源包中的"碰撞结果 .nwd"文件，根据碰撞结果分配建筑工程师、结构工程师、设备工程师进行结果处理，向碰撞结果中添加注释和红线批注。

课后资源包

二、评价标准

1. 准确使用同一层的项目创建"新规则"（10分），"新规则"中添加一条正确规则描述（10分）。

2. 采用"自相交"方式测试出对应集自相交（15分），测试出与另一个集相交（15分）。

3. 准确分配建筑工程师（10分）、结构工程师（10分）、设备工程师（10分），能够准确添加注释（10分）和红线批注（10分）。

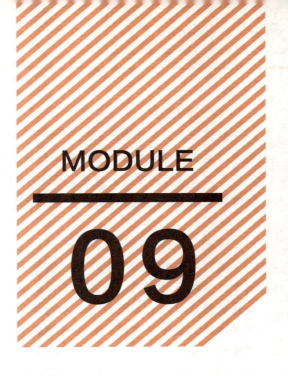

MODULE

09

学习模块九

建筑信息模型综合应用

知识目标：

1. 掌握建筑施工进度管理的方法。
2. 掌握建筑施工成本管理的方法。
3. 掌握资源查询的方法。

能力目标：

1. 能够对实际进度进行统计与对比。
2. 能够导入预算文件，并导出相关资金曲线，进行三算对比。
3. 能够进行物资查询，导出物资量及资源曲线等。

素养目标：

1. 通过对学生创新意识培养的讲解，增强学生创新意识与能力。
2. 通过对软件细节的讲解与训练，培养学生注重细节、精益求精的精神。
3. 通过对不同模块的整合分析，培养学生逻辑思维和归纳整理能力。

建筑信息模型综合应用以 BIM 平台为核心，集成土建、机电、钢构、幕墙等各专业模型，以集成模型为载体，关联施工过程中的进度、合同、成本、质量、安全、图纸、物料等信息。为项目的质量、进度、成本管控、物料管理等提供数据支撑，协助管理人员有效决策和精细管理，从而达到减少施工变更，缩短工期、控制成本、提升质量的目的。

课前小故事

英国有个叫吉姆的小职员，他每天坐在办公室里抄写东西，常常累得腰酸背痛。他消除疲劳的最好办法，就是在工作之余滑冰。冬季很容易就能在室外找到滑冰的地方，而在其他季节，吉姆就没有机会滑冰了。怎样才能在其他季节也能像冬季那样滑冰呢？对滑冰情有独钟的吉姆一直在思考这个问题。想来想去，他想到了脚上穿的鞋和能滑行的轮子。吉姆在脑海中把这两样东西的形象组合在一起，想象出了一种"能滑行的鞋"。经过反复设计和试验，他终于制成了四季都能用的"旱冰鞋"。

课前引导问题

引导问题 1：从学生角度，思考如何提高自己的创新意识。

_____

_____

引导问题 2：BIM 5D 软件中可导入的模型可以包含哪些专业？可导入哪三类模型？分别有哪些格式？

_____

_____

引导问题 3：流水段划分有几种划分方式？

_____

_____

引导问题 4：质量与安全问题如何进行统计？

_____

_____

学习单元一　导入模型

模型导入可分为"实体模型""场地模型""其他模型"导入（图 9-1），分别支持导入的相应模型。

图 9-1　模型导入

一、实体模型

（一）添加模型

选择"Revit""MagiCAD""Tekla"生成的 IGMS\E5D\IFC 模型文件（图 9-2）。

图 9-2　实体模型——打开模型文件

　　添加模型文件时（添加模型，可以多选），可以先新建单体楼层，也可以不新建，通过系统自动生成反建单体楼层信息（图 9-3）。生成后，其他上传的实体模型会与所创建单体进行自动匹配。

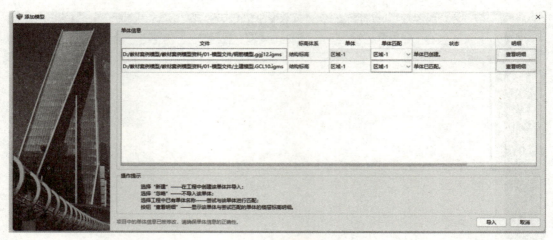

图 9-3　添加模型

（二）文件预览

选中已上传模型，单击"文件预览"按钮，即可查看当前模型（图 9-4），并可对当前模型进行移动、放大缩小、三维查看、逐层查看等操作。

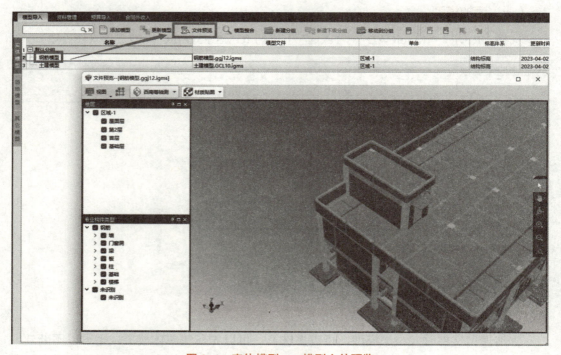

图 9-4　实体模型——模型文件预览

二、场地模型

（一）添加模型

导入方式同实体模型。区别是需要上传在广联达 BIM 施工现场布置软件 V2.0、广联达 BIM 施工现场布置软件 V3.0、Revit 场地、3DsMax 中创建的模型，且不存在变更（图 9-5）。

图 9-5　场地模型——打开模型文件

（二）文件预览

选中已上传模型，单击"文件预览"按钮，查看当前模型。

三、其他模型

（一）默认值

初次进入"其他模型"界面，软件自带"施工电梯""塔式起重机""起重机"模型及动画，用户可直接使用或删除。单击模型后，可在右上角"属性"中设置机械模型的缩放比例，在右下角"模型预览"中查看动画效果，如图 9-6 所示。

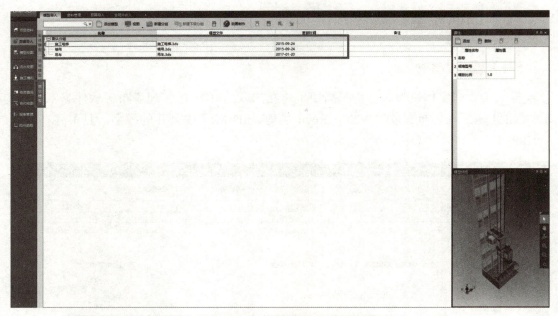

图 9-6　软件自带的其他模型

（二）添加模型

上传 FBX、IFC 模型，不存在变更（图 9-7）。

图 9-7　其他模型——打开模型文件

四、模型整合

切换回"实体模型"界面，单击"模型整合"按钮，加载实体模型与场地模型，可以通过旋转、平移等功能将不同专业、类型的模型进行整合。如不同专业模型（土建、钢筋、机电）、不同单体模型、不同类型模型（实体模型、场地模型），确保各模型原点一致。例如，单击"塔式起重机"按钮，即可调出场地模型，通常场地模型和实体模型默认原点对齐，所以需要平移实体模型或场地模型以达到整合匹配的效果。模型整合后完成效果如图 9-8 和图 9-9 所示。

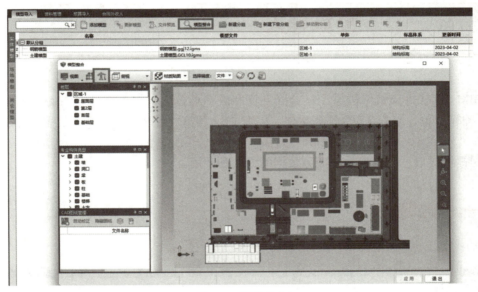

图 9-8　模型整合

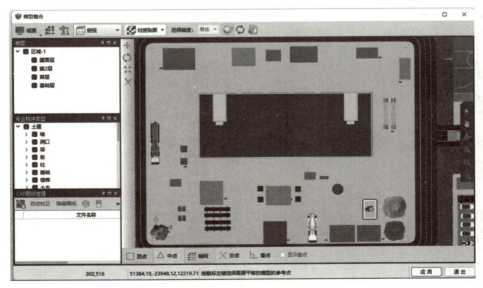

图 9-9　模型整合完成

注意：

（1）整合时，可选择文件\专业\单体三种精度。

（2）整合时，支持导入 CAD 图纸\加载轴网，参考 CAD 图\轴网进行定位。

（3）整合时，可以测量距离和角度后，单击"旋转"和"平移"按钮，旋转和平移时，按 Shift+ 鼠标左键，弹出输入距离和角度的窗体进行精确移动。

（4）整合完成后，单击右下角"应用"按钮即可退出。

学习单元二　预算导入

BIM 5D 软件支持两种类型（合同预算和成本预算）、多种文件（GBQ 预算文件、Excel 预算清单、兴安 TWT 预算文件、兴安 EB3 预算文件、擎洲广达）、多种格式文件（.xlsx、.GBQ4、.GBQ5、.GZB4、.GTB4、.TMT、.EB3）的导入，为模型清单与预算清单匹配提供接口，以支持软件商务数据的提取和调用。

一、添加预算书

选中分组，添加预算书，如图 9-10 所示。

图 9-10　添加预算文件种类

在导入预算文件时，注意合同预算与成本预算需要分开导入到对应模块中，如图 9-11 所示。

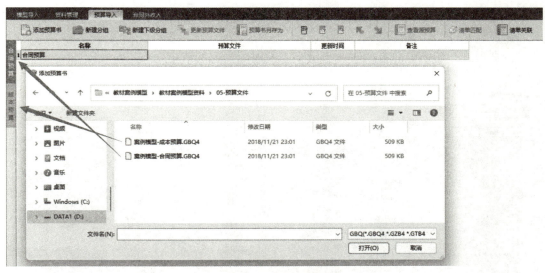

图 9-11　添加预算书

二、清单匹配

（一）汇总方式

汇总方式有"全部汇总"和"按单体汇总"两种。

（1）"按单体汇总"：双击选择要进行匹配的预算文件，如图 9-12 所示。

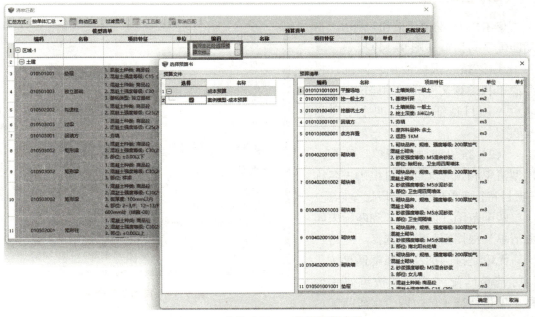

图 9-12　清单匹配——选择预算文件

（2）"全部汇总"：所有模型清单和所有预算文件中的清单进行匹配，匹配时不需要选择预算文件（图9-13）。

特别提醒：切换汇总方式时，会清空之前匹配完成的清单。

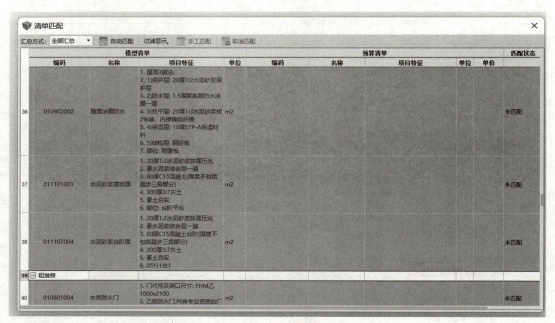

图9-13　全部汇总方式

（二）自动匹配

单击"自动匹配"按钮，弹出"自动匹配"对话框（图9-14）。

（1）按"国标清单"匹配：模型清单和预算文件通过编码前9位+名称+项目特征+单位四个字段做全匹配。

（2）按"非国标清单"匹配：模型清单和预算文件通过编码+名称+项目特征+单位四个字段做全匹配。

匹配范围（匹配全部和匹配未匹配清单）根据实际情况选择。

无论是按国标清单匹配还是按非国标清单匹配，均默认按编码+名称+项目特征+单位四个字段匹配，用户可根据时间情况进行设置。

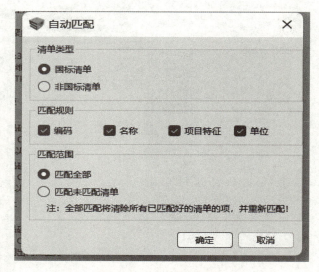

图9-14　自动匹配选项

当匹配清单既有国标清单又有非国标清单时，可以先进行"国标清单"+"匹配全部"匹配后，再进行"非国标清单"+"匹配未匹配清单"匹配。

（三）手工匹配

选中未匹配清单，单击"手工匹配"按钮，选择预算清单，单击整个项目，选中需要匹配的清单项，双击或单击"匹配"按钮。在匹配过程中，可以选择预算书查询或条件查询两种方式。

若匹配错误，选中错误匹配项，单击"取消匹配"按钮，按照上述步骤重新进行匹配。

三、清单关联

通过预算文件生成清单列表，用户根据清单项目特征，设置精细过滤条件，实现批量关联；单击模型或图元树实现单模型或单设备关联。

（一）合同预算/成本预算

选择合同预算/成本预算计价文件，显示清单列表，表格显示清单编码、类别、名称、关联、项目特征、单位、清单工程量、模型关联量、偏差值、偏差率（图9-15）。

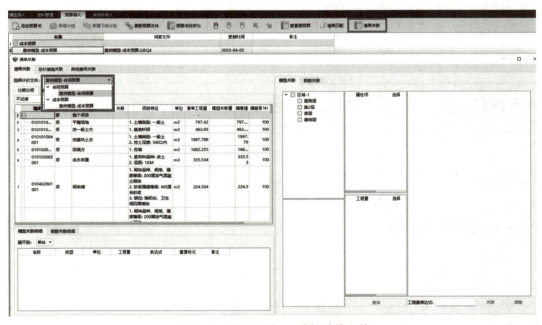

图9-15 清单关联——选择计价文件

（二）钢筋关联

由于模型文件中钢筋清单部分无法进行清单匹配，所以需要手动进行清单关联。选择需要关联的清单项，在右侧"钢筋关联"中选择所对应楼层区域，构件选择"钢筋"，根据清单描述，选择对应属性项和工程量单位，查询后进行关联。注意：关联成功后会在清单表格中以绿色小旗帜来表示。若关联错误，选中错误关联项，鼠标右键单击"取消关联"按钮，按照上述步骤重新进行关联，如图 9-16 所示。

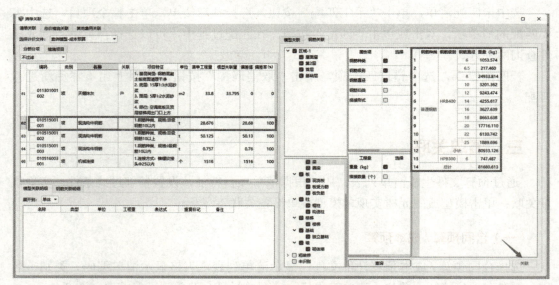

图 9-16　清单关联——钢筋关联

特别提醒：合同预算和成本预算模块下，需要分别进行清单匹配与清单关联。

学习单元三　划分流水段

创建流水段并且以流水段的维度对流水段进行任务派分和数据查询。

一、流水段定义

（一）新建同级

单击"新建同级"按钮，弹出"新建"对话框窗体（图 9-17），在"类型"中选择"单体""楼层""专业"和"自定义"中任意一个，在单体列表、楼层列表、专业列表中勾选（复选），或在自定义列表中新建。

备注：上级节点已有"单体"，才可以创建"楼层"层级。

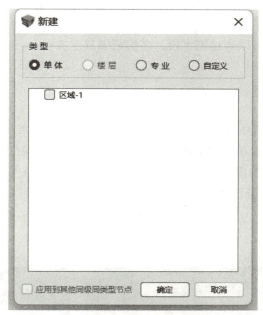

图 9-17　新建单体

（二）新建下级

单击"新建下级"按钮，弹出"新建"对话框，在"类型"中选择"单体""楼层""专业"和"自定义"中任意一个，在单体列表、楼层列表、专业列表中勾选（复选），或在自定义列表中新建。可以选择"单体"—"楼层"—"专业"或"单体"—"专业"—"楼层"或"自定义"三种创建方式。

备注：如果上级节点已有"单体""楼层""专业"这三种层级，则这三种按钮会灰显不可选择。

单体框架完成如图 9-18 所示。

名称	编码	类型	关联标记
⊟ 区域-1	1	单体	
⊟ 基础层	1.1	楼层	
⊞ 土建	1.1.1	专业	
⊞ 钢筋	1.1.2	专业	
⊟ 首层	1.2	楼层	
⊞ 土建	1.2.1	专业	
⊞ 钢筋	1.2.2	专业	
⊟ 第2层	1.3	楼层	
⊞ 土建	1.3.1	专业	
⊞ 钢筋	1.3.2	专业	
⊟ 屋面层	1.4	楼层	
⊞ 土建	1.4.1	专业	
⊞ 钢筋	1.4.2	专业	

图 9-18　单体框架完成

（三）新建流水段

在任意分组下，都可以新建流水段，名称可以自定义。

二、关联模型

新建好流水段后，选中流水段，单击"关联模型/编辑流水段"按钮进行模型关联。

关联模型步骤：首先单击"画流水段"按钮，框住所需构件，然后单击"关联构件类型"下面所选构件前的锁头按钮，最后单击"应用"按钮并关闭，即可关联成功。如果需要借助轴网精准划分流水段，可以单击"轴网显示设置"按钮，即可调出各层的轴网（图9-19）。

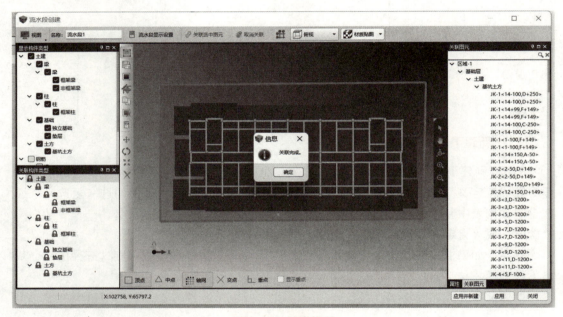

图 9-19 关联模型

（一）取消关联

选中已关联模型的流水段，单击"取消关联"按钮，可使流水段所有关联的图元取消关联。取消关联的图元可以再次被流水段进行关联。

（二）删除

选中要删除的目标节点，单击"删除"按钮，会删除选中的目标节点及其子节点。如果子节点中包含流水段，流水段已关联的模型会被取消关联，流水段中派分的任务也会被删除。

（三）导出 Excel

单击"导出 Excel"按钮，会直接将流水段定义的数据导出到本地。

（四）提交数据

单击"提交数据"按钮，流水段数据会被上传到云端服务器中，手机端和网页端也可以查看。

（五）显示模型

勾选"显示模型"复选框，选中要查看的节点，可以显示该节点及其子节点中流水段关联的模型（图 9-20）。模型显示后，也提供了显示轴网和切换视角的功能，具体操作方法等同模型视图模块。流水段所在楼层未关联的构件显示为半透明状态。

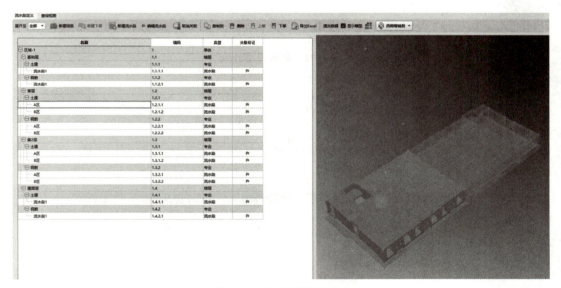

图 9-20　流水段模型显示

学习单元四　建筑施工进度管理

一、导入进度计划

单击"导入进度计划"按钮，选择已经编写好的进度计划导入软件，目前支持 Windows Project 和斑马进度计划两种主流软件格式。其中，导入斑马进度计划文件需要安装斑马进度计划软件（图 9-21）。

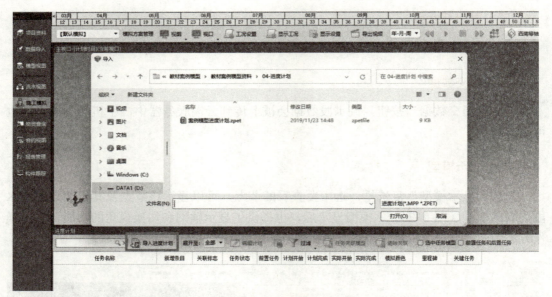

图 9-21　导入进度计划

二、任务展开

单击"展开至："后的下拉按钮，可选择任务的级别来展开进度计划中，便于查看（图 9-22）。

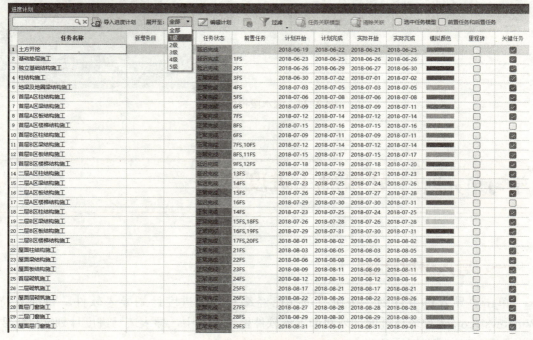

图 9-22　进度计划按任务级别展开

三、编辑计划

单击"编辑计划"按钮，进入到 Windows Project/ 斑马进度计划软件中，在其中修改进度计划并保存，即可对已导入的进度计划进行修改。

四、图表

单击"图表"按钮，会弹出任务状态统计窗口，在窗口的左侧会有任务状态的饼图统计数据，右侧有任务状态的列表统计数据。

五、过滤

可根据用户实际需要，通过对计划 / 实际时间、任务状态、关键路径、执行单位及流水段进行组合的方式过滤。

六、任务关联模型

（一）关联流水段

点选"关联流水段"模式，选择对应的单体楼层、专业，即可看到之前在流水视图中划分的流水段，选择目标流水段与任务进行关联（图 9-23）。关联成功后关联标志为绿色小旗帜。

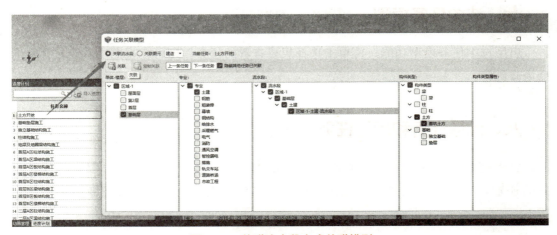

图 9-23　关联流水段方式关联模型

（二）关联图元

点选"关联图元"模式，可根据单体楼层、专业来单击选择/框选目标图元，选择的图元显示为蓝色，单击选中图元关联到任务（图 9-24），即可将目标图元关联在任务上。关联成功后关联标志为蓝色小旗帜。

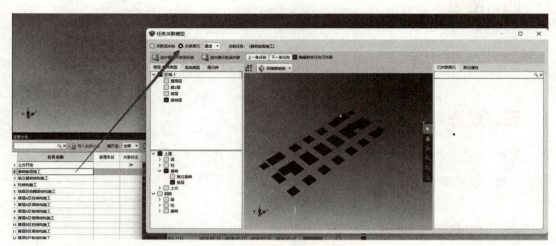

图 9-24　关联图元方式关联模型

（三）清除关联

单击"清除关联"按钮，即可将任务上已关联的流水段/图元取消关联状态。

七、选中任务模型

启用选中任务模型功能，再单击选择想要查看的任务，即可在视图中看到目标图元变为蓝色。

八、前置任务和后置任务

启用前置任务和后置任务功能，通过单击选择进度计划任务，可以查看目标任务的前置任务及后置任务，当选择的进度计划任务没有前置或后置任务时，则显示为空。

学习单元五　建筑施工成本及资料管理

一、资金曲线

BIM 5D 软件提供对整个项目周期内资金的汇总功能，可以生成计划曲线、实际曲线或计划 – 实际曲线。图表样式有曲线图和柱状图两种，按月、按周、按日生成累计值或当前值。根据清单关联及对时间的选择，可以在资金曲线中计算出对应时间的资金金额。其操作步骤如下：

（1）在施工模拟的时间轴上选择时间范围；

（2）通过"费用预计算"功能，计算出资金曲线；

（3）单击"刷新曲线"按钮，即可使对应时间的资金曲线在曲线图中显示出来。

资金曲线如图 9-25 所示。

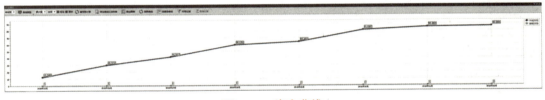

图 9-25　资金曲线

二、资源曲线

资源曲线用于统计施工进度时间段内，模型所关联的预算文件中定额的资源消耗情况，其中计算基础为预算文件中定额的资源量 – 数量。显示控制操作步骤如下：

（1）在施工模拟的时间轴上选择时间范围；

（2）通过"费用预计算"功能，计算出资源曲线；

（3）单击"刷新曲线"按钮，即可使对应时间的资源曲线在曲线图中显示出来。

资源曲线如图 9-26 所示。

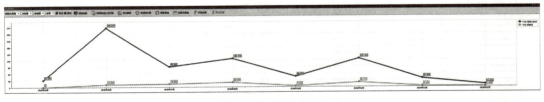

图 9-26　资源曲线

可以查看资源曲线汇总列表，并导出 Excel 表格（图 9-27）。

167

图 9-27　资源曲线汇总表

三、构件工程量

完成了 BIM 5D 模型的构建后，不仅可以利用三维视图直观地获取特定构件的工程量，同样也可以根据时间进度信息灵活地获取特定时间段的工程量信息，实现工程量的动态获取。其操作步骤如下：

（1）在施工模拟的时间轴上选择时间范围；

（2）通过"汇总方式"来显示不同的构件工程量统计。

图 9-28 所示为按规格型号汇总构件工程量。

图 9-28　按规格型号汇总构件工程量

可根据实际需要来过滤构件工程量，并导出 Excel 表格文件（图 9-29）。

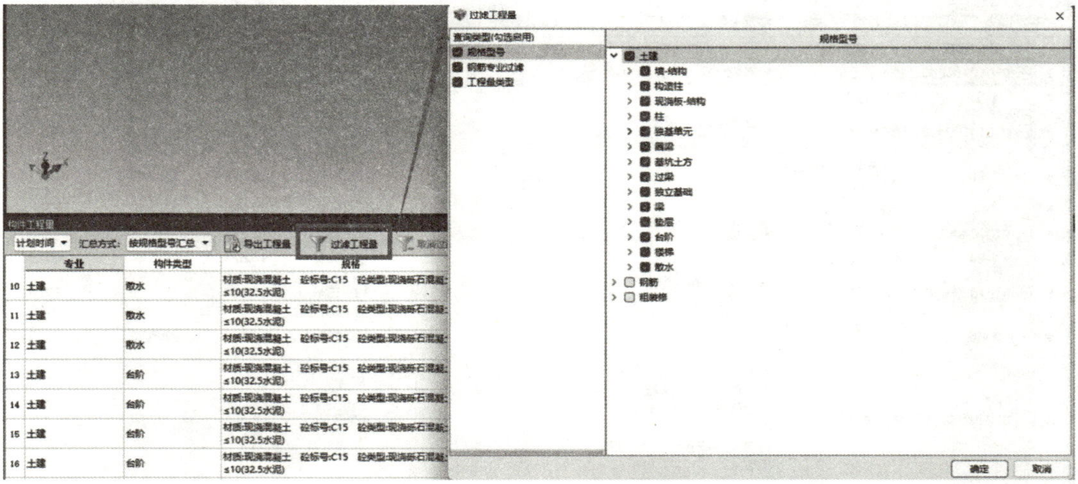

图 9-29　过滤工程量

四、清单工程量

清单工程量用于统计施工进度时间段内任务关联的三维模型所关联的预算工程量，反算到模型构件中。其中，模型工程量的计算基础为合同预算中相对应的预算工程量。其操作步骤如下：

（1）在施工模拟的时间轴上选择时间范围。

（2）"清单工程量""措施费用""其他费用"和"合同外收入"会按照时间范围自动分类显示。其中，汇总时间分为"计划时间"和"实际时间"；汇总方式有"按清单汇总""按流水段汇总""按单体汇总"和"按楼层汇总"四种方式；预算类型分为"合同预算"和"成本预算"。

清单工程量如图 9-30 所示。

五、物资量

物资量用于统计施工进度时间段内按模型统计的各种物资工程量，计算基础为三维模型工程量。其操作步骤如下：

（1）在施工模拟的时间轴上选择时间范围；

（2）可选择计划时间或实际时间；

（3）选择一个或多个专业，即可生成物资量清单。

图 9-31 所示为土建、钢筋专业物资量清单。

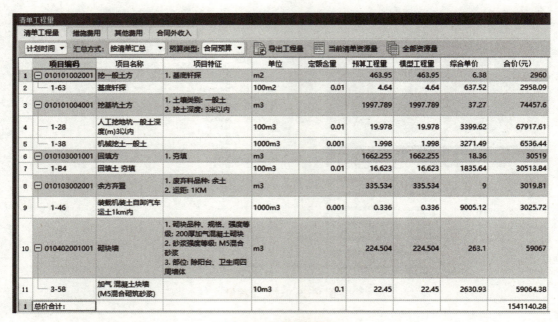

图 9-30　清单工程量

	项目编码	项目名称	项目特征	单位	定额含量	预算工程量	模型工程量	综合单价	合价(元)
1	010101002001	挖一般土方	1. 基底钎探	m2		463.95	463.95	6.38	2960
2	1-63	基底钎探		100m2	0.01	4.64	4.64	637.52	2958.09
3	010101004001	挖基坑土方	1. 土壤类别: 一般土 2. 挖土深度: 3米以内	m3		1997.789	1997.789	37.27	74457.6
4	1-28	人工挖地坑一般土深度(m)3以内		100m3	0.01	19.978	19.978	3399.62	67917.61
5	1-38	机械挖土一般土		1000m3	0.001	1.998	1.998	3271.49	6536.44
6	010103001001	回填方	1. 夯填	m3		1662.255	1662.255	18.36	30519
7	1-B4	回填土 夯填		100m3	0.01	16.623	16.623	1835.64	30513.84
8	010103002001	余方弃置	1. 废弃料品种: 余土 2. 运距: 1KM	m3		335.534	335.534	9	3019.81
9	1-46	装载机装土自卸汽车运土1km内		1000m3	0.001	0.336	0.336	9005.12	3025.72
10	010402001001	砌块墙	1. 砌块品种、规格、强度等级: 200厚加气混凝土砌块 2. 砂浆强度等级: M5混合砂浆 3. 部位: 除阳台、卫生间四周墙体	m3		224.504	224.504	263.1	59067
11	3-58	加气、混凝土块墙(M5混合砌筑砂浆)		10m3	0.1	22.45	22.45	2630.93	59064.38
1	总价合计:								1541140.28

图 9-30　清单工程量

	名称		单位	数量	工种	实际工效	所需人日
1	钢筋		kg	541.136			
2	钢筋		kg	1313.349			
3	钢筋		kg	1460.856			
4	钢筋		kg	217.46			
5	钢筋		kg	526.97			
6	钢筋		kg	12295.092			
7	钢筋		…	415.723			
8	钢筋		kg	273.008			
9	钢筋		kg	206.351			
10	钢筋		kg	1860.872			
11	钢筋	普通钢筋;直筋;HRB400;12;绑扎	kg	7740.751			
12	钢筋	普通钢筋;直筋;HRB400;14;绑扎	kg	4255.617			
13	钢筋	普通钢筋;直筋;HRB400;16;电渣压…	kg	3627.639			
14	钢筋	普通钢筋;直筋;HRB400;18;电渣压…	kg	8663.638			
15	钢筋	普通钢筋;直筋;HRB400;20;电渣压…	kg	17716.11			
16	钢筋	普通钢筋;直筋;HRB400;22;电渣压…	kg	6130.742			
17	钢筋	普通钢筋;直筋;HRB400;25;电渣压…	kg	1473.973			
18	钢筋	普通钢筋;直筋;HRB400;6;绑扎	kg	526.604			
19	钢筋	普通钢筋;直筋;HRB400;8;绑扎	kg	12339.283			
20	加气砼砌块	混合砂浆-M2.5	m3	448.186			
21	现浇混凝土	现浇砾石混凝土 粒径≤10(32.5水…	m3	9.26			
22	现浇混凝土	现浇砾石混凝土 粒径≤10(32.5水…	m3	46.395			
23	现浇混凝土	现浇砾石混凝土 粒径≤10(32.5水…	m3	47.077			
24	现浇混凝土	现浇砾石混凝土 粒径≤10(32.5水…	m3	692.593			

专业下拉选项：☑ 土建　☑ 钢筋　☐ 粗装修　☐ 幕墙　☐ 钢结构　☐ 给排水　☐ 采暖燃气　☐ 电气　☐ 消防　☐ 通风空调

图 9-31　土建、钢筋专业物资量

刷新计算可生成工效对应表，也可导出物资量（图9-32）。

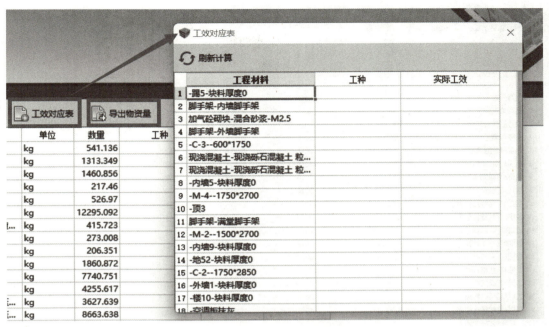

	工程材料	工种	实际工效
1	-踢5-块料厚度0		
2	脚手架-内墙脚手架		
3	加气砼砌块-混合砂浆-M2.5		
4	脚手架-外墙脚手架		
5	-C-3--600*1750		
6	现浇混凝土-现浇砾石混凝土 粒...		
7	现浇混凝土-现浇砾石混凝土 粒...		
8	-内墙5-块料厚度0		
9	-M-4--1750*2700		
10	-顶3		
11	脚手架-满堂脚手架		
12	-M-2--1500*2700		
13	-内墙9-块料厚度0		
14	-地52-块料厚度0		
15	-C-2--1750*2850		
16	-外墙1-块料厚度0		
17	-楼10-块料厚度0		
18	-空调板挂板		

（左侧表格）

单位	数量	工种
kg	541.136	
kg	1313.349	
kg	1460.856	
kg	217.46	
kg	526.97	
kg	12295.092	
kg	415.723	
kg	273.008	
kg	206.351	
kg	1860.872	
kg	7740.751	
kg	4255.617	
kg	3627.639	
kg	8663.638	

图 9-32　工效对应表

学习单元六　建筑施工质量与安全管理

BIM 5D 软件中，质量管理与安全管理都设置在 MEP 端及手机移动端进行联动应用。本学习单元主要通过 MEP 端进行讲解，可以创建质量安全问题，发送整改通知单，并进行统计分析。移动端大家可以自行下载 BIM 5D 的 App 并登录 BIM 云账号来进行操作，主要操作流程和 MEP 端类似。

一、升级至协同版

具体操作：单击软件左上角的升级到协同版的按钮，升级至 BIM 云端，在升级向导中分别设置进度文件、合同预算和成本预算的专业类别，确定后即可通过激活码绑定或绑定到已有云空间的方式进行绑定（第一次使用需要激活码），激活后在软件初始界面显示为蓝色小云朵图标。

图 9-33 所示为升级向导。

图 9-33 升级向导

二、登录 BIM 云

单击软件右上角账号可以登录 BIM 云端,新用户可以注册账号。登录完成后单击同样的位置   ,即可打开 MEP 端,在 MEP 端可以进行质量管理及安全管理。

项目样板如图 9-34 所示。

图 9-34 项目样板

三、问题创建

建立质量分类:在"项目样板"中单击系统设置,可以建立质量管理的分类、等级、常见问题、扩展字段和评优描述。以创建分类为例,在新建名称中输入"柱钢筋施工问题",创建完成后,可以对所创建的问题设置等级(系统中自带重大隐患、严重隐患、较大隐患和一般隐患四种等级,可以自行操作新建、删除等命令)(图 9-35)。BIM 5D

根据不同部位已给出一些常见问题，同时可以关联对应的规范，双击命令可设置其等级（图9-36）。

图 9-35　新建质量管理分类

图 9-36　问题等级划分

建立质量问题：切换到项目样板中的质量管理，单击"创建问题"命令。可以对单体、楼层、专业进行选择，也可以将质量问题定位到某个构件中进行挂接。如与模型位置无关，可以直接选择下一步。

"问题描述"中可以自行描述问题，也可以在常见问题中选择。描述完成后可以选择发整改通知单及选择质量问题等级。

依次填写发现时间、整改期限、处理状态、责任人、责任单位、验收人等信息。

"问题分类"中可以选择在系统设置中设置好的问题。

描述整改情况，也支持施工现场照片或视频等附件的上传。

问题创建后，责任人即可收到诊改的短信通知，可通过手机端查看，并现场整改。

整改后可在手机端批复，后续验收人、复核人也可以在手机端操作，直至整改验收通过。

"安全管理"和"质量管理"操作类似。首先需要在项目样板的系统设置中创建安全问题的分类，之后可以在项目样板的安全管理中创建问题，操作和上面一致（图9-37）。

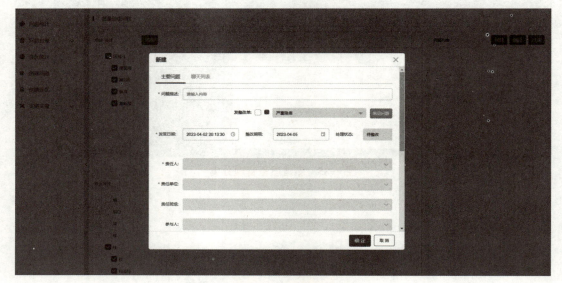

图 9-37　新建问题

四、问题统计

可以在问题统计命令中设置时间段，同时可以根据问题状态、是否超期、问题等级、责任单位等进行过滤筛选。通过问题统计，来查询设定条件下的质量问题，还可生成问题的分布趋势图、环形图及柱状图。

五、问题列表

已创建的问题会以问题列表的形式体现，可以根据整改状态、楼层选择及过滤条件生成整改通知单（默认为质量报表），导出 Excel 表格。生成的整改通知单可以自己编辑。

"模型视图"中可以显示具体问题模型。

六、创建评优、评优统计

可以根据描述内容、选定时间、摄制部位、选定被表扬单位、班组及人员等模块进行评优设置，同时上传现场照片加以佐证。选定时间过滤可以查看相应时间段的评优情况。

创建评优后，可以进行评优统计，与上述"问题统计"操作类似。

七、安全管理—巡视点设置

安全定点巡视是根据巡视计划，针对施工现场一些重点部位，尤其是危险施工部位进行安全巡视。这有助于发现问题，及时上报。

（1）"新建巡视点"：新建巡视点部位，设置巡视频次、巡视人及未完成巡视通知人。填写巡视过程中检查内容。

（2）"定点巡视情况"：手机端可根据巡视要求，添加巡视记录的描述，现场拍照记录。巡视正常情况可以直接提交；有问题时，可以手机端创建质量问题或安全问题，然后进行整改。巡视情况可以统计并查看记录。

参 考 文 献

［1］王君峰．Autodesk Navisworks 实战应用思维课堂 [M]．北京：机械工业出版社，2015．

［2］宋强，黄巍林．Autodesk Navisworks 建筑虚拟仿真技术应用 [M]．北京：高等教育出版社，2018．

［3］中华人民共和国住房和城乡建设部．GB/T 51212—2016 建筑信息模型应用统一标准 [S]．北京：中国建筑工业出版社，2017．

［4］中华人民共和国住房和城乡建设部．GB/T 51235—2017 建筑信息模型施工应用标准 [S]．北京：中国建筑工业出版社，2018．

［5］中华人民共和国住房和城乡建设部．GB/T 51269—2017 建筑信息模型分类和编码标准 [S]．北京：中国建筑工业出版社，2018．

［6］中华人民共和国住房和城乡建设部．GB/T 51301—2018 建筑信息模型设计交付标准 [S]．北京：中国建筑工业出版社，2019．